U0323217

尚品美味全收录！

滋养汤羹

饮食生活编委会◎编

吉林科学技术出版社

图书在版编目（ＣＩＰ）数据

滋养汤羹 / 饮食生活编委会编. -- 长春 : 吉林科学技术出版社，2015.7
ISBN 978-7-5384-9517-1

Ⅰ. ①滋… Ⅱ. ①饮… Ⅲ. ①汤菜－菜谱 Ⅳ. ①TS972.12

中国版本图书馆CIP数据核字(2015)第155410号

滋养汤羹

编	饮食生活编委会	
出 版 人	李 梁	
选题策划	张伟泽	
责任编辑	王运哲	
封面设计	长春创意广告图文制作有限责任公司	
制 版	长春创意广告图文制作有限责任公司	
开 本	880mm×1230mm 1/32	
字 数	200千字	
印 张	7	
印 数	1—8 000册	
版 次	2015年8月第1版	
印 次	2015年8月第1次印刷	
出 版	吉林科学技术出版社	
发 行	吉林科学技术出版社	
地 址	长春市人民大街4646号	
邮 编	130021	

发行部电话/传真　0431-85635176　85651759
　　　　　　　　　85651628　85635177
储运部电话　0431-86059116
编辑部电话　0431-85659498
网　　址　www.jlstp.net
印　　刷　吉林省创美堂印刷有限公司
书　　号　ISBN 978-7-5384-9517-1
定　　价　19.90元
如有印装质量问题可寄出版社调换

前言

　　幸福是什么滋味？就好似品尝一道精致的菜品，每位品尝者的感受都不尽相同。一道菜的口味如何，不仅要从色、香、味三方面来考量，更取决于这道菜所承载着的心情和感受。家常菜，重要的不是其味道的平凡与朴实，而在于蕴含其中浓浓的温情与关怀。

　　吃一口精心烹制的菜品，舀一勺尽心煲出的鲜汤，闭上眼睛感受那股浓郁的鲜香在口中蔓延，幸福也在心中开了花。与其说一日三餐是人们补给身体的能量，不如将每餐的菜品看作一份心情的呈现。

　　每当我们为亲人、朋友烹制菜肴时，加一点爱心，再添一份精心，融合成散发着幸福味道的美味佳肴，盛装在精美的器皿中，对自己，对家人，无不是一种幸福的享受。

　　本系列图书分为《人气炒菜》、《精选家常菜》、《滋养汤羹》、《麻辣川湘菜》、《家常素食》、《美味西餐》、《简易家庭烘焙》、《秘制凉菜》和《绿色果蔬汁》九本，从生活中饮食的方方面面满足读者的需求，版式清新，图片精美，讲解细致，操作简易，相信会给读者的幸福生活添姿加彩！

目录 contents

P35

P42

P37

P80

P72

7

目录 contents

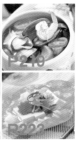

食材的刀工处理

‹食材›

食材刀工处理对于整个烹饪过程起着至关重要的作用。原料经刀工处理后，便于烹饪，食用方便，且烹调时易于着色入味，受热均匀，原料切割后，形状更加整齐美观，诱人食欲利于消化，增加营养。

❶食用猪腰之前，一定要将肾上腺割除干净。

斜直刀猪腰花

1.猪腰片成两半，去除腰臊，洗净。

2.用斜刀法在猪腰表面剞上一字花刀。

3.转一个角度，改用直刀剞上相交的刀。

4.再切成块，入水略焯，捞出即可。

里脊肉切块

1.将里脊肉剔去筋膜，洗净，放在案板上。

2.先切成厚片。

3.再用直刀切成3厘米左右的块。

鸡肫切花刀

❶鸡肫是鸡储存所吞下食物的地方，在制作菜肴前必须收拾干净。

1.将鸡肫从中间剖开，清除内部杂质。

2.撕去鸡肫内层黄皮和油脂。

3.用清水冲净，沥水，剖上一字刀纹。

4.再掉转角度，剖上垂直交叉的平行刀纹即可。

鸡胸肉剁蓉

1.鸡胸肉剔去筋膜，洗净。

2.先切成较细的鸡肉丝。

3.再切成绿豆大小的粒。

4.然后用刀背剁成鸡肉蓉。

翻刀形花刀

1.将鲜鱼刮去鱼鳞，去掉鱼鳃。

2.剪开鱼腹，掏出内脏和杂质，用清水洗净。

3.用直刀在鱼肉表面剖上一刀直至鱼骨，再用平刀法片进深2～2.5厘米。

4.将鱼肉片翻起，在每片肉上均剖上一刀即可。

交叉十字形花刀

1.将鱼洗净，去掉 2.剖开鱼腹，除去 3.用清水洗净，擦
鱼鳃。　　　　　　内脏。　　　　　　净水分。

4.先用直刀斜剖上 5.再剖上与之相交 6.刀纹的间距依鱼
一字刀。　　　　　的十字花刀。　　　的大小而定。

荔枝形花刀

❶这种花刀通常针
对鱿鱼。

1.将鱿鱼去皮，洗净，切成长条。

2.用直刀推剖上斜一字刀纹。

3.再转一个角度用直刀推剖。

4.切成等边三角形即为荔枝花刀。

灯笼形花刀

1.将鱿鱼收拾干净，切成长条。

2.先在一端斜着拉剖上两刀。

3.相反方向再拉剖上两刀。

4.然后用直刀竖剖上刀纹即可。

麦穗形花刀

1.鲜墨鱼去掉筋膜和内脏。

2.用清水漂洗干净，沥净水分。

3.先用斜刀在内侧剞上一字刀纹。

4.再换角度用直刀剞成相交花纹。

海参切条块

1.先把海参切成两半。

2.再顺长切成长短一致的条状。

3.切菱形块时需要选取整个的海参。

4.用坡刀法片成菱形块即可。

❖水发海参一般多切成菱形块或条状。

蓑衣形黄瓜花刀

1.先在一面用直刀 斜剞上一字刀纹。

2.刀纹深度为黄瓜 厚度的1/2。

3.刀距约为两毫 米，并且要均匀。

4.在另一面同样剞 上一字刀纹。

5.刀纹深度为1/2，与斜一字刀纹相交。

6.全部剞完即为蓑 衣形黄瓜花刀。

鱼鳃形茄片

1.茄子洗净，顺长切成两半。

2.剞上茄子厚度4/5的刀纹。

3.再转一个角度斜剞3/5的刀纹。

4.切成一刀相连一刀断开的片。

巧切萝卜球

📍也可用球勺挖成不同规格的圆球状。

1.将萝卜去根、去皮，洗净。

2.先切成大小均匀的小方块。

3.再用小刀削切成圆球状。

心里美萝卜切条

1.心里美萝卜去皮，洗净，修切成圆柱状。

2.用直刀切成大圆形片。

3.再把圆形片切成细条即可。

南瓜切滚刀块

1.将南瓜洗净，削去外皮。

2.先用刀一切两半，挖出籽和瓤。

3.再直刀切块，切一刀滚动一下。

心里美萝卜切粒

◑也可以将切面朝上放在案板上，用平刀法片成大圆片。

1.心里美萝卜去皮，先片成厚片。

2.再用直刀切成粗条状。

3.然后将粗条切成粒状。

4.粒的大小有豌豆粒、绿豆粒等。

胡萝卜切末

1.胡萝卜去皮，洗净，先切成片。

2.再顺长切成丝状。

3.然后切成小粒。

4.最后用刀剁几下即成末。

腐竹切条块

1.容器内加入清水，放入腐竹。

2.浸泡至腐竹涨发，攥干水分。

3.可用斜刀切成菱形小块。

4.也可用直刀切成小段。

5.还可先把腐竹切成长段。

6.再顺长切成均匀的细丝即可。

汤汁的制作

◂ 食材 ▸

俗语说："唱戏的腔，厨师的汤"，汤羹类菜肴离不开鲜美的汤汁。制汤作为烹调常用的调味品之一，其质量的好坏，不仅会对菜肴的美味产生很大影响，而且对菜肴的营养更是起到不可缺少的作用。

制汤就是把蛋白质、脂肪含量丰富的食材，放入清水锅中煮制，使蛋白质和脂肪等营养素溶于水中成为汤汁，用于烹调菜肴或制作汤羹菜肴使用。根据各种汤不同的食材和质量要求，汤主要分为清汤、奶汤、素汤等多种。

❄奶汤一般选用鸡鸭猪骨、猪爪、猪肘等容易让汤色泛白的原料。

奶 汤

1.将鸡骨架收拾干净，剁成大块。

2.放入清水中漂洗干净，捞出沥水。

3.放入清水锅中，加入葱、姜焯烫一下，捞出。

4.再放入清水锅中，加入葱、姜、料酒煮沸。

5.撇去汤面的浮沫，加盖儿后继续用大火加热。

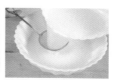

6.煮至汤汁呈乳白色时，出锅过滤即成奶汤。

1.将猪棒骨用砍刀剁断。

2.放入清水中洗净，沥去水分。

3.鸡骨架放入容器中，加入温水。

4.稍凉后洗净，捞出沥水。

5.鸡胸肉剔去筋膜，剁成细蓉。

6.放入清水锅中，用小火煮两小时。

7.待鸡蓉变色，浮起时，捞出。

8.鸡骨架、棒骨焯烫一下，捞出。

9.捞出杂质，加入鸡肉蓉提清。

10.反复数次，再过滤后即为清汤。

口蘑汤

1.先将口蘑洗净，用清水泡软。

2.一起倒入锅中，用小火煮30分钟。

3.捞出口蘑，再把原汁过滤即可。

❶干品口蘑是制汤汁的上好食材。

猪蹄汤

1．猪蹄刮洗干净，剁成大块。

2．放入冷水锅中，加入葱、姜烧沸。

3．撇去浮沫，用旺火约煮两小时。

4．捞出猪蹄（另用）和杂质即可。

鳝骨汤

1．把鳝鱼骨剁成大段，洗净。

2．锅中加油烧热，下入葱、姜炝锅。

3．再加入鳝鱼骨、料酒炒至变色。

 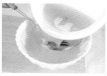 

4．添入清水，用小火煮至乳白色。

5．捞出鳝鱼骨和杂质。

6．再过滤后即为美味的鳝骨汤。

黄豆芽汤

❶煮豆芽的汤可以用来泡饭，豆芽可以凉拌。

1．放入油锅中煸炒至豆芽发软时。

2．加入冷水（水量要宽）并加盖儿。

3．用旺火熬煮至汤汁呈浅白色时。

4．用洁布或滤网过滤后即可。

素清汤

1.取鲜笋根部切成大块。　2.与水发香菇、黄豆芽一起洗净。　3.放入锅中,加入足量的清水烧沸。

4.再转微火保持汤面微沸。　5.煮约两小时,离火过滤后即可。

❶此汤有着香菇的清香,非常鲜美。

汤汁的七大秘诀

1.冷水入锅

食材放入冷水锅中烧煮,这个过程可为营养素从食材中溢出创造条件,从而使汤汁味道越来越鲜美。

2.掌握火候

正确掌握和运用火候,也是制作汤汁的关键之一。

3.时间长短

若用肉用型鸡或碎猪肉等食材,时间为两小时;若用猪棒骨、火腿骨头、老母鸡或猪爪等,时间为3~4小时。

4.清淡爽美

要想汤清、不混浊,必须用微火煮制。

5.除异增鲜

在制汤时加入一些去腥食材以除去异味,增加鲜味。

6.不加冷水

在制作汤汁时要一次性把水量加足,如果需要加水,也要加入热水,而不要中途加入冷水。

7.撇净浮沫

用手勺将浮沫撇去,直至撇净为止,以免影响汤汁的色泽和气味。

滋养汤羹

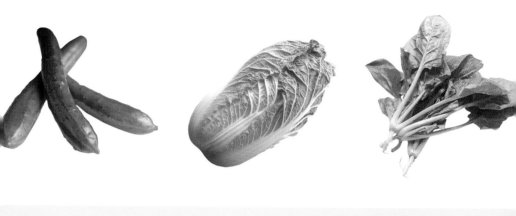

第一章

蔬菜篇

白菜

别名 | 结球白菜、花胶菜　中医食性 | 性平、味甘

不适用者：胃寒腹痛、大便溏泻、寒痢者

原料介绍

白菜为我国原产及特产蔬菜。19世纪70年代，白菜传入日本，称为"唐白菜"，后又陆续传到朝鲜、东南亚各国及欧美的一些国家。

营养分析

白菜中所含的营养成分比较全面，其中含有的维生素、矿物质和纤维素比较丰富。维生素C的含量达到34毫克/千克，钙的含量为103毫克/千克，另外铁、胡萝卜素、维生素B$_1$、维生素B$_2$的含量也不少。中国医学认为白菜有养胃利水、解热除烦之功效，可用于肺热咳嗽、便秘、丹毒等症。

食疗功效

白菜中含有丰富的粗纤维，不但能起到润肠、促进排毒的作用，又有刺激肠胃蠕动，促进大便排泄，帮助消化的功能，对预防肠癌有良好的效果。

现代营养学的研究表明，白菜有很高的药用价值，具有医食兼有的特点；多吃白菜，可以起到很好的护肤和养颜效果。

科学研究发现，白菜中有一种化合物，名叫吲哚-3-甲醇，约占干白菜重量的1%，它能帮助分解同乳腺癌相联系的雌激素，减少乳腺癌发生的概率。

烹饪提示

制作白菜时要先洗后切，以减少水溶性维生素和矿物质的损失。切时要顺丝切，可使白菜易熟。

白菜尽量不要采用煮焯、浸烫后挤汁的方法，以免营养素大量损失。如需要焯煮，时间也不可过长，最佳的时间为15秒钟左右，否则可使白菜降低营养价值，而且白菜烫得太软、太烂,也不好吃。

较老的白菜帮,在制作上只要把白菜帮里的淡黄或白色的硬筋抽出,再根据菜肴的需要加工成形,制作菜肴,这样又好吃又节约原料,做到物尽其用!

黄金搭档

白菜+猪肉=补充营养, 通便 ✔

白菜和猪肉都是营养比较丰富的原料,两者一起制作成菜,能补充营养,通便,适用于营养不良、贫血、头晕、大便干燥者食用,有很好的食疗功效。

白菜+虾仁=防治牙龈出血、解热除燥 ✔

白菜同虾仁一起搭配成菜,可提供丰富的钙、磷,能预防便秘、痔疮及结肠癌,并可有效地防治牙龈出血及败血症,解热除燥。

白菜+鲤鱼=改善妊娠水肿 ✔

白菜和鲤鱼都是营养丰富的原料,两者搭配成菜,能提供丰富的蛋白质、碳水化合物、维生素C等多种营养素,是妊娠水肿的辅助治疗食物。

放心储存

在选购白菜时,要选择抗病、耐寒、适于冬贮的晚熟品种。刚买回来的白菜,因水分较大,需晾晒3~5天,白菜外叶失去水分萎蔫时,再撕去黄叶,按菜头向外,菜叶向里的方式堆码,气温下降时,可用草席、麻袋等物覆盖,以防白菜受冻。码好之后要勤翻勤倒,拣出腐烂的菜叶,天热时翻倒勤些,气温下降后可延长翻倒间隔时间。

家庭中如果储存的白菜不多,可把收拾好的白菜,每棵用报纸包裹好,放置于通风处即可,但需要注意,储存的白菜最好先吃满心的,心不满的存着后吃。

饮食误区

白菜+兔肉=易引起腹泻或者呕吐现象 ❶

兔肉性凉,容易导致腹泻,白菜有通便的效果,两者一起搭配食用,易引起腹泻或者呕吐现象。

白菜+小黄瓜=降低食物的营养功效 ❶

小黄瓜含有维生素C分解酶,会分解白菜中的维生素C,从而降低白菜的食用和营养价值。

安全选购

白菜因品种不同,外叶分为绿、淡黄、淡绿和白色。选购时可从顶部用手压试,感觉结球紧实,外叶水分足,易折断,有白菜特殊的香气为佳。但香气不要过浓,否则即表示已抽薹,会降低品质。

> **友情提示**
>
> 食用白菜时,应现炒现吃,不宜放置过久,更不能吃腐烂的白菜。因为炒熟后放置过久的白菜含有毒的"亚硝酸盐",可引起如头晕、头痛、恶心、呕吐等症状,危害人体健康。

火腿白菜汤

原料

白菜心200克

熟鸡肉50克

熟火腿50克

调料

精盐适量

味精适量

胡椒粉适量

鸡汤适量

鸡油适量

植物油适量

做法

1. 将白菜心洗净，切成小段，再放入沸水中焯烫一下，捞出沥干；熟鸡肉、熟火腿均切片。

2. 坐锅点火烧热，加入适量底油，先放入白菜心、火腿片、鸡肉片煸炒一下。

3. 再加入鸡汤、胡椒粉、精盐、味精烧至入味，然后淋上鸡油，出锅装碗即可。

TIPS

大白菜味甘、性平，有解毒、除烦、通肠、利胃的功效，可治疗肺热咳嗽、便秘等症。

◎汤煮 ⏱20分钟

大虾炖白菜

原料

白菜500克
对虾200克
香菜段30克

调料

葱段5克
葱花5克
姜片5克
精盐1/2小匙
胡椒粉少许
香油1小匙
植物油2大匙
高汤适量

做法

1. 将对虾去沙袋、沙线，剪去虾枪、虾须和虾腿，洗净；大白菜去掉老帮留菜心，洗净，用刀拍切成劈柴块。

2. 锅中加入植物油烧热，下入葱花炒香，再放入白菜块煸炒至软，盛出。

3. 锅中加入植物油烧热，先下入葱段、姜片炒出香味，放入大虾两面略煎，用手勺压出虾脑。

4. 再烹入料酒，加入适量高汤烧沸，然后放入白菜块，转小火炖至菜烂虾熟，撒入胡椒粉、香菜段，淋上香油，盛入大碗中即可。

汤煮 ⏱15分钟

豆泡白菜汤

原料
大白菜200克
豆腐泡100克

调料
精盐2小匙
鸡精2小匙
味精1小匙
清汤适量
大酱4小匙

做法

1. 将白菜去根，洗净，切成3厘米长的段，宽的菜叶从中间切开。

2. 豆腐泡用热水洗净余油，切成厚片；大酱放入碗中，加入少许清汤调稀。

3. 锅中加入清汤烧沸，放入白菜段、豆泡片煮熟，再加入调好的大酱、精盐煮两分钟至入味，然后加入鸡精、味精，盛入汤碗中即可。

滋养汤羹

白菜珧柱炖鲜虾

原料

白菜心1个

珧柱5粒

鲜虾3只

笨鸡半只

火腿粒少许

调料

精盐1小匙

鸡精1小匙

上汤300克

做法

1. 将白菜心洗净，放入沸水中焯烫一下，捞入炖锅备用。

2. 将珧柱放入清水中发透；鲜虾去沙线，洗净；笨鸡洗涤整理干净，剁成大块，放入沸水锅中煮熟；火腿洗净，焯水待用。

3. 将珧柱、鲜虾、鸡肉、火腿放入炖锅中，加入上汤，放入蒸锅蒸炖20分钟，再用精盐、鸡精调味即可。

土豆

别名 | 洋芋、洋山芋、地豆　中医食性 | 性平、味甘

不适用者：肾炎患者

原料介绍

马铃薯为茄科茄属中能形成地下块茎的栽培种，一年生草本植物。马铃薯起源于南美洲的安第斯山脉及其附近沿海一带的温带和亚热带地区，1650年传入我国，现全国各地均有种植，其中西南山区、西北、内蒙古和东北地区为主产区。

营养分析

马铃薯所含有的营养成分比较全面，其碳水化合物占17.5%，蛋白质的含量为2%，无机盐为1%。此外马铃薯还含有丰富的维生素C、维生素B₁、维生素B₂等。中医认为，马铃薯有和胃调中、益气健脾、消炎活血等功效，可以治疗消化不良、食欲缺乏、关节疼痛、慢性胃病等病症。

食疗功效

马铃薯含有大量淀粉以及蛋白质、B族维生素、维生素C等，有和中养胃、健脾利湿的功效，能促进脾胃的消化功能。

马铃薯中以钾含量最为丰富，是少有的高钾蔬菜。患有心脏病特别是心功能不全的患者，均有不同程度的水肿，而常服用利尿消肿的药物，易导致体内钾的丧失，多伴有低钾倾向。因此心脏病患者常吃马铃薯，既可补充钾，又可补充蛋白质、维生素等其他营养素。

马铃薯含有大量膳食纤维，有宽肠、通便的效果，可帮助机体及时排泄出代谢毒素，防止便秘，预防肠道疾病的发生。

烹饪提示

切开的马铃薯遇空气易氧化变色，所以人们经常把切好的马铃薯片或丝放入清水中，等烹调时再取出制作菜肴，但需要注意马铃薯不要浸泡得太久而致使水溶性维生素

等营养流失，降低马铃薯的营养价值。

在烧制整个小马铃薯或切成大块的马铃薯时需要注意，马铃薯要用小火烧煮，才能使马铃薯均匀熟烂入味，若用旺火烧煮，会使马铃薯外层熟烂甚至开裂，而里面却是生的。

黄金搭档

马铃薯＋全脂牛奶＝补充营养、丰富营养 ✔

从营养角度来看，马铃薯中蛋白质、钙和维生素A的含量稍低，而全脂奶粉则含有丰富的蛋白质和钙等营养素，与马铃薯搭配，有非常好的互补作用。

马铃薯＋牛肉＝消除疲劳、缓解压力 ✔

马铃薯营养丰富，有和胃调中、健脾益气及消炎的功效。而牛肉含有丰富的人体必需的氨基酸，有补脾胃、益气血、强筋骨之功效。两者一起烧焖成菜，可消除疲劳、缓解压力。

马铃薯＋鸡蛋＝光泽肌肤、消除疲劳 ✔

马铃薯中含有维生素C，搭配含有丰富蛋白质的鸡蛋一起制作成菜，可促进胶原蛋白的合成，使肌肤光泽、消除疲劳。

放心储存

马铃薯的保存相对简单，只需要把马铃薯放在干燥、通风、温度低一些的地方就可以，温度不要高，大概12℃~13℃，不然马铃薯很容易生芽。

饮食误区

马铃薯＋芋头＝易摄取过多的热量，使体重增加、血糖升高 ⚠

马铃薯和芋头都是淀粉含量很高的根茎类食品，两者一起大量食用，容易摄取过多的热量，使体重增加，血糖升高。

马铃薯＋番茄＝易干扰体内淀粉的分解，影响健康 ⚠

马铃薯中的淀粉如果遇到西红柿中含有的醋酸成分，会干扰体内淀粉的分解，使淀粉在胃中滞留而发酵或腐败，大量食用会影响健康。

安全选购

马铃薯按皮色分有白皮、黄皮、红皮和紫皮等；按薯块颜色分为黄肉种和白肉种；按形状分为圆形、椭圆、长筒和卵形等。马铃薯各品种间的差异很大，选购时，以芽眼小而浅、表面光滑、无裂缝、无空心和冻害为佳。

友情提示

马铃薯本身含有一种称为龙葵素的毒素，正常情况下含量较低，对人体无害，但发芽后其龙葵素含量大量增加，食用后可能出现恶心、呕吐、腹痛、头晕等中毒症状，因此要禁食发芽的马铃薯。

第一章 蔬菜篇

辣味牛肉土豆汤

原料

卤牛肉200克

小土豆200克

蟹足棒5根

法香少许

调料

葱花少许

姜片少许

精盐适量

鸡精1/4小匙

白芝麻1/2大匙

辣豆瓣酱1大匙

高汤1000克

植物油2大匙

做法

1. 将蟹足棒取出解冻，切成段备用。

2. 将卤牛肉切成块；小土豆洗净，带皮上笼蒸熟，取出去皮待用。

3. 锅置火上，放入植物油烧热，下入葱花、姜片、芝麻、辣豆瓣酱炒香。

4. 再加入高汤煮沸，然后放入牛肉、土豆、蟹足棒和其他调料煮至入味，出锅装碗，点缀法香即可。

TIPS

此汤健脾健胃、温中下气。

汤煮 ⏱60分钟

奶汤鲜虾土豆

原料

土豆300克

鲜虾80克

冬瓜80克

蚕豆30克

菜叶少许

调料

精盐少许

黑胡椒1/2小匙

椰奶800克

高汤适量

做法

1. 将鲜虾用清水洗净，去头、去壳，留虾尾肉，挑去沙线。

2. 将土豆去皮、洗净，切成块；冬瓜去皮、去籽，洗净，切方块；蚕豆、菜叶洗净。

3. 锅中放入椰奶、高汤煮沸，再加入土豆、蚕豆、冬瓜、精盐煮至熟软。

4. 然后放入鲜虾尾、菜叶煮10分钟，撒上黑胡椒调味即可。

TIPS

此汤具有补肾壮阳、宽肠胃、养肌肤的功效。

第一章 蔬菜篇

土豆菠菜汤

原料

土豆1个

菠菜3棵

调料

葱花10克

姜块10克

精盐1/2小匙

味精1/2小匙

植物油3大匙

鲜汤适量

做法

1. 将土豆去皮，洗净，切成丝；菠菜择洗干净，放入开水锅中焯一下，捞出，切成段；姜块拍破。

2. 净锅置火上，加入鲜汤，放入土豆丝、姜块、植物油稍煮。

3. 再放入菠菜段，加入味精、精盐煮至入味，撒上葱花，出锅装碗即可。

TIPS

很多人都爱吃菠菜，菠菜含有草酸，食后影响人体对钙的吸收，因此，食用此种菠菜时宜先煮过去掉菜水，以减少草酸含量。

八爪鱼蒜仔土豆汤

原料

八爪鱼300克

土豆200克

蒜仔10粒

小番茄4粒

调料

精盐适量

味精1/2小匙

酱油1大匙

高汤1000克

料酒2大匙

植物油2大匙

做法

1. 将八爪鱼洗净、改刀，入沸水锅中焯烫，捞出沥水。

2. 土豆去皮、洗净，切小块；小番茄洗净，切成两半备用。

3. 锅置火上，加入植物油烧热，下蒜仔炒香，再放入八爪鱼、土豆、小番茄、酱油翻炒上色。

4. 然后烹入料酒，加入精盐、味精、高汤煮至入味，出锅即可。

TIPS

此汤具有益气养血、宽肠胃、养肌肤的功效。

◀ ⏺汤煮 ⏱30分钟

第一章 蔬菜篇

汤煮　20分钟

芹菜叶土豆汤

原料

土豆2个

嫩芹菜叶150克

调料

葱花10克

姜末10克

精盐1小匙

味精1小匙

鸡精1小匙

香油1/2小匙

高汤适量

植物油1大匙

做法

1. 将芹菜叶择洗干净；土豆去皮，放入清水中洗净，沥干水分，切成小条。

2. 锅中加入植物油烧至七成热，先下入葱花、姜末炒香，再放入土豆条、芹菜叶略炒一下。

3. 然后添入高汤烧至土豆条熟软，最后加入精盐、味精、鸡精调味，淋上香油，出锅装碗即可。

滋养汤羹

土豆萝卜汤

原料

土豆300克

白菜200克

猪肉100克

胡萝卜100克

香芹1棵

调料

葱头1个

精盐1大匙

味精1大匙

胡椒粉1大匙

做法

1. 将土豆去皮、洗净，切成粗方条，放入清水盆中浸泡；猪肉洗净，切成片。

2. 白菜去根、去老叶，洗净，切成大块；胡萝卜去皮、洗净，切成小条；香芹择洗干净，切成段。

3. 锅置火上，加入适量清水，放入葱头、猪肉片烧沸，撇去浮沫。

4. 再放入白菜块、土豆条、胡萝卜条、香芹段煮熟，然后加入精盐、味精、胡椒粉调味，装碗即可。

第一章 蔬菜篇

山药

别名 | 淮山药、怀山药　中医食性 | 性微寒、味甘

不适用者：大便燥结者

原料介绍

山药为薯蓣科植物山药的块茎，多年生缠绕草质藤本。山药在我国的栽培历史悠久，一般生于向阳山坡、山谷林下、溪边、路旁的灌丛或杂草中，多有栽培。现主产于河南省博爱、沁阳、武陟、温县等地，河北、山西、山东及中南、西南等地区也有栽培。

营养分析

山药含有蛋白质、碳水化合物、皂甙、黏液质、胆碱、氨基酸、维生素C等营养成分，有健脾补肺、益胃补肾、固肾益精、聪耳明目、助五脏、强筋骨、长志安神、延年益寿的功效；主治脾胃虚弱、倦怠无力、食欲缺乏、久泄久痢、肺气虚燥、痰喘咳嗽、肾气亏耗、腰膝酸软、下肢痿弱、消渴尿频、遗精早泄、带下白浊、皮肤赤肿、肥胖等病症。

食疗功效

山药中含有大量淀粉及蛋白质、B族维生素、维生素C、维生素E、葡萄糖等，其中的薯蓣皂甙成分，是合成女性激素的先驱物质，有助于调节更年期女性体内激素的失调状态。

新鲜山药块茎中含有黏液质、消化酶等物质，可预防血液中的脂肪在心血管内壁沉积，还能促进胃肠道的消化吸收。

山药中含有的可溶性纤维，是一种高营养、低热量的食品，食用后会产生饱胀感，控制进食欲望，推迟胃内食物的排空，控制饭后血糖升高，有助于防治糖尿病、高脂血症、肥胖症等疾病。

山药中所含的淀粉酶(又称消化素)，能加快人体内碳水化合物之代谢，抑制肾糖阈值增高，可起到预防糖尿病的作用。

山药有"补虚、补中、益气力"之功效。患有慢性食管炎、胃炎、胃及十二指肠溃疡、慢性胰腺炎以及小肠吸收功能不良等症者，常食山药有很好的辅助治疗作用。

烹饪提示

山药切片后容易氧化发黑，所以切好的山药要立即烹调，或把山药浸泡在淡盐水中。

山药切开时会有黏液，极易滑刀和伤手，可先用清水加少许醋把山药洗一下，就可以减少黏液。

山药质地细腻，味道香甜，不过山药皮容易导致皮肤过敏，所以最好用削皮的方式，并且削完山药的手不要乱碰，马上多洗几遍手，就可以不痒了。

黄金搭档

山药＋猪肉=肌肤光泽、消除疲劳 ✔

山药含有维生素C，与含有丰富蛋白质的猪肉一起烧制成菜，可促进胶原蛋白合成，使肌肤有光泽。

山药＋糯米=健脾补肺、固肾止泻 ✔

将具有滋补效果的山药，配以糯米一起熬制成粥食用，有健脾补肺、固肾止泻的效果，适用于脾胃虚弱、食少倦怠、便溏久泻或虚劳咳嗽、肾虚遗精、小便频数以及糖尿病、妇女带下等症。

放心储存

如果保存整个山药，可直接把山药存放在干燥通风处，如果山药已经切开，可把山药放在保鲜盒内，上面用湿布盖上，再盖上保鲜盒盖，放冰箱冷藏即可。

饮食误区

山药＋蛤蜊=破坏维生素，导致营养流失 ❶

山药中所含的维生素B_1会被蛤蜊中的维生素B_1分解酶破坏，从而导致营养成分流失。

山药＋醋=引起消化不良，影响人体健康 ❶

在制作凉拌山药菜肴时不要放醋，因为山药中含有的淀粉，遇到醋中含有的醋酸，会使淀粉酶受到破坏，干扰淀粉的分解，使淀粉在胃中滞留而产生发酵及腐败，大量食用会影响健康。

安全选购

选购山药时要挑选表皮光滑无外伤，薯块完整肥厚，色泽均匀有光泽，粉性足，不干枯，无根须者为佳。另外如果在冬天选购山药时，可用手握住山药几分钟，如山药出汗，就是表明受冻了；如果山药表面发热就是未受冻。掰开山药看，冻过的山药横断面黏液化成水，冻过回暖的山药有硬心且肉色发红，不宜购买。

> **友情提示**
>
> 我国栽培的山药主要有两大类，分别为山药和参薯。其中山药又名家山药，在我国中部和北部广泛栽培。河南怀山药、山东济宁米山药都是名贵地方品种。参薯又名大薯、柱薯，原产印度，我国福建、广东、台湾等省普遍栽培。

⊙汤煮 ⏱60分钟

羊肉山药青豆汤

原料

羊排肉400克

山药200克

青豆粒50克

胡萝卜1根

调料

葱段适量

姜片适量

精盐适量

胡椒粉适量

柠檬水适量

料酒2大匙

高汤1500克

做法

1. 将羊排肉洗净，剁成大块，再放入沸水锅中，加入姜片焯煮片刻，捞出冲净。

2. 将山药去皮，洗净，切成厚片，放入柠檬水中浸泡，捞出沥干；胡萝卜去皮，洗净，切成小块。

3. 锅中加入高汤烧沸，先下入羊肉块、葱段、姜片、料酒煮约30分钟。

4. 再放入山药片、青豆、胡萝卜块、精盐煮至熟烂，然后用胡椒粉调味，出锅即可。

TIPS

此汤温补气血、开胃健身、益气抗衰

芥菜山药汤

原料

山药300克

芥菜150克

西红柿2个

洋葱丁少许

调料

蒜蓉15克

精盐1小匙

鸡精1/2小匙

高汤1500克

黄油2大匙

做法

1. 山药去皮、洗净，切成小块；芥菜洗净，从中间切开，再用沸水略焯，捞出冲凉，切成小段；西红柿用热水烫一下，撕去外皮，切成小丁。

2. 锅中加入黄油烧至熔化，先下入洋葱丁、西红柿丁炒软，再添入高汤。

3. 放入山药、芥菜、精盐、鸡精煮至入味，然后撒上蒜蓉，出锅即可。

TIPS

此汤利肠开胃、滋养肌肤、利五脏。

山药翅根汤

原料
鸡翅根300克
山药300克
胡萝卜80克

调料
葱丝适量
精盐适量
料酒1大匙

做法

1. 将山药、胡萝卜分别去皮、洗净，切成块；鸡翅根用清水洗净，剁成段。

2. 锅置火上，加水烧热，下入鸡翅根焯烫片刻，捞出沥水。

3. 锅中加入适量清水烧开，下入鸡翅根、山药块、胡萝卜块用大火煮沸，烹入料酒。

4. 再转小火煮约1小时，然后加入精盐调味，撒入葱丝点缀，出锅装碗即可。

TIPS

　　山药具有补中益气、长肌肉、止泄泻、治消渴、益肺固精、滋养强壮等功效。此汤温中益气、安五脏。

水煮 90分钟

素烩山药

原料

山药200克
豌豆荚80克
胡萝卜50克
地瓜50克
鲜冬菇30克

调料

葱末5克
姜末5克
精盐适量
香醋适量
清汤适量
水淀粉1大匙
植物油少许

做法

1. 将山药、地瓜分别去皮、洗净，切成片；鲜香菇去蒂，洗净，沥水，剞上十字花刀。

2. 将胡萝卜去根、去皮，洗净，切成凤尾花刀；豌豆荚洗净，切成段。

3. 净锅置火上，加入植物油烧热，下入葱末、姜末炒出香味，烹入香醋，倒入清汤烧沸。

4. 放入山药、豌豆荚、胡萝卜、地瓜和冬菇，用中火烧烩至熟，加入精盐，用水淀粉勾芡，出锅即可。

TIPS

此汤安五脏、宽肠胃、养肌肤。

清烩 ⏱25分钟

第一章 蔬菜篇

43

萝卜

别名 | 萝白、土瓜、芥根　中医食性 | 性凉、味甘辛

不适用者：脾胃虚寒、进食不化、体质虚弱者

原料介绍

　　萝卜为一年生或二年生草本植物，主要以肉质根作蔬菜；嫩叶、嫩荚也可食用。萝卜是世界上古老的栽培作物之一，现世界各地均有种植，欧美国家以小形萝卜为主，亚洲国家以大形萝卜为主。

营养分析　　萝卜含有大量的碳水化合物和多种维生素及钙、磷、铁等矿物质，是营养比较丰富的蔬菜，民间有"十月萝卜小人参"之说。中医认为，萝卜有通气行气、健胃消食、止咳化痰、除燥生津、解毒散瘀和利尿止渴之功效。

食疗功效

　　萝卜含较多膳食纤维，可增加粪便体积，促进肠胃蠕动，保持大便畅通，使人体较少吸收废弃物中的有毒和致癌物质，预防肠癌发生。

　　萝卜含丰富的维生素C和微量元素锌，有助于增强机体的免疫功能，提高抗病能力。萝卜中的芥子油能促进胃肠蠕动，增加食欲，帮助消化。

　　萝卜所含的多种酶，能够分解致癌的亚硝胺，加之所含的木质素能够提高巨噬细胞的活力，从而吞噬癌细胞，所以说萝卜有"化癌"之功效。

　　萝卜含有的矿物质，对正在生长和发育中的儿童也有诸多益处；萝卜含丰富的维生素C和微量元素锌，有助于增强机体的免疫功能，提高抗病能力。

烹饪提示

　　萝卜在制作菜肴时，最好采用分段加工，以便能最大地吸收萝卜所含的营养。

　　从萝卜的顶部至5厘米处为第一段，此段维生素C含量最多，但质地略硬，宜于切丝或切条，用爆炒的方法烹调，也可切丝煮汤。

萝卜中段含糖量较多，质地较脆嫩，可切丝制成冷菜。

萝卜的尾段有些辛辣味，可增进食欲，削皮生吃，是糖尿病患者用以代替水果的上选。

黄金搭档

萝卜＋羊排＝营养、滋补、去火 ✔

羊排是营养价值很高的肉类，但同时也最容易上火，和有通气行气、健胃消食功效的萝卜一起炖制成菜，是非常科学的搭配，口味也非常清爽，并且有补脾肾、壮筋骨、滋补营养的效果。

萝卜＋银耳＝老少皆宜，清肺热 ✔

萝卜切丝配以银耳，放入鸭汤中用小火清炖成汤羹食用，是老少皆宜的佳品。萝卜可以清热祛痰，银耳可以补肺气，鸭汤性温，三者相配成菜，对有气管炎病史及口干舌燥者，有保健功效。

萝卜＋竹荪＝保养肌肤 ✔

竹荪富含丰富蛋白质及氨基酸，可帮助提升人体免疫力，与萝卜一起制作成菜，有保养肌肤、减肥、润燥的功效。

放心储存

萝卜的保存比较容易，一般放置于荫凉处，可保存2～3天不变质，而如果想长时间保存，可把萝卜洗净，擦去水分，削去头部后，保留一小段萝卜梗叶，再用报纸将整根萝卜包裹好，用塑料袋封装好，存放于冰箱中即可，一般可保存三星期左右不变质。

饮食误区

萝卜＋柑橘＝诱发或导致甲状腺肿 ❶

萝卜食用后可产生一种名叫硫氰酸盐的物质，而柑橘中的类黄酮物质在肠道转化成羟苯甲酸，两者同食时羟苯甲酸与硫氰酸盐作用加强形成硫氰酸，有抑制甲状腺的作用，从而诱发或导致甲状腺肿。

萝卜＋蜂蜜＝易引起腹泻、腹胀 ❶

萝卜不宜与蜂蜜搭配食用，因为萝卜中的纤维素会与具有通便效果的蜂蜜产生变化，容易引起腹泻、腹胀的现象。

安全选购

选购萝卜时，不论皮色为白或红色，形状为长形或圆形，都必须坚挺，表面光滑，无根毛，色泽光亮，无黑色斑点、裂口。同时注意一般个大的萝卜比同品种个小的易糠心，要小心选购。

友情提示

萝卜的品种和分类方法繁多，从颜色上可分为白皮、红皮、绿皮，从形状上又有圆形、长形等多种；按用途可分为菜用萝卜、加工用萝卜、水果用萝卜。

萝卜海带煲牛肉

原料

牛腱肉400克
胡萝卜100克
白萝卜100克
水发海带50克

调料

葱花15克
姜片5克
精盐4小匙
味精2小匙
料酒2大匙

做法

1. 将胡萝卜、白萝卜分别洗净、去皮，切成滚刀块。

2. 水发海带洗净；牛腱肉洗净，切成大块，再放入沸水锅中焯煮3分钟，捞出冲净。

3. 砂锅上火，加入适量清水烧沸，先下入牛肉、胡萝卜块、白萝卜块、海带中火炖煮两小时。

4. 再加入精盐、味精、料酒煮匀入味，即可出锅装碗。

◎水煮 ⓛ2小时

猪肉胡萝卜汤

原料	做法

原料

新鲜瘦肉500克
胡萝卜1根

调料

葱花20克
香菜末20克
花椒15克
精盐2小匙
味精2小匙

做法

1. 把瘦肉洗净，切成块，放入锅内，加水和花椒粒，用旺火烧开，改用小火慢煮。

2. 炒锅放火上，加入胡萝卜丝、葱花，炒出香味后，放入砂锅内，煮至猪肉熟烂后，加入精盐、味精，撒上香菜末，盛入汤碗内即可。

第一章 蔬菜篇

◎水煮 ⏱35分钟

牛肉萝卜汤

原料

牛肉100克

水萝卜5个

香菜末15克

调料

葱末15克

姜末15克

味精1小匙

精盐1小匙

酱油2小匙

香油2小匙

做法

1. 水萝卜洗净，去头蒂，切成斜片；牛肉洗净，顺纹切成丝，放入碗中，加入酱油、精盐、香油、葱末、姜末腌至入味。

2. 锅置火上，放入开水、萝卜片烧开，将牛肉丝放入锅内，用大火烧开。

3. 加入精盐、香油、味精，再改用小火煮至入味，盛入汤碗内，撒上香菜末即可。

萝卜牛蛙汤

原料

白萝卜200克

牛蛙2只

丝瓜80克

调料

葱丝少许

姜丝少许

精盐1小匙

味精1/2小匙

蚝油2大匙

植物油2大匙

猪骨汤适量

做法

1. 白萝卜去皮、洗净，切成三角块；丝瓜洗净，切成片；牛蛙宰杀，去皮、内脏，洗净，剁成块，放入沸水锅中焯透，捞出沥水。

2. 锅中加入植物油烧热，下入葱丝、姜丝、蚝油炒香，加入高汤。

3. 再放入萝卜块、牛蛙煮至八分熟，然后放入丝瓜、精盐、味精煮至入味，装碗即可。

TIPS

此汤具有除燥生津、清心润肺、美白祛斑的作用。

汤煮 25分钟

第一章 蔬菜篇

胡萝卜桂圆炖排骨

原料

猪排骨300克

胡萝卜150克

桂圆肉40克

枸杞子20克

调料

鲜姜1片

精盐5小匙

味精2小匙

料酒4小匙

清汤适量

做法

1. 猪排骨洗净，先顺骨缝切成长条，再剁成小段，放入清水锅中烧沸，焯烫约3分钟，捞出冲净。

2. 胡萝卜去根、去皮，用清水洗净，切成长方形片；桂圆肉泡软，洗净。

3. 锅置火上，放入鲜姜、排骨段、胡萝卜片、桂圆肉、枸杞子、清汤和料酒，小火炖约90分钟至酥嫩，加入精盐和味精调好口味，出锅上桌即可。

TIPS

　　桂圆有补血安神、健脑益智、补养心脾的功效，是健脾长智的传统食物。

◎清炖 ①2小时

羊腩炖胡萝卜

原料

羊腩肉250克
胡萝卜150克

调料

葱段15克
胡椒粉1/3小匙
精盐1/2小匙
味精1/2小匙
羊骨汤750克
料酒1大匙
植物油1大匙

做法

1. 羊腩肉洗净，切块；胡萝卜去皮、洗净，切块。

2. 锅中加水烧沸，下入羊肉焯烫，捞出沥干。

3. 坐锅点火，加植物油烧至四成热，先下入葱段炒香，再添入羊骨汤大火烧开。

4. 然后放入羊腩炖至八分熟，再下入胡萝卜块、料酒、精盐、味精炖至熟烂，最后撒上胡椒粉，出锅装碗即可。

清炖 ⏱60分钟

凤爪胡萝卜汤

原料

鸡爪8只

猪排骨200克

胡萝卜50克

红枣6枚

调料

精盐1大匙

味精1大匙

做法

1. 将鸡爪洗净，剁去爪尖，撕去老皮；猪排骨洗净，剁成大块，同鸡爪一起放入清水锅中烧沸，焯烫一下，捞出冲净；胡萝卜去皮、洗净，切成小块。

2. 锅置火上，加入适量清水，放入鸡爪、胡萝卜块、猪排骨、红枣用旺火烧沸。

3. 再转小火煮至鸡爪、排骨熟烂，然后加入精盐、味精调味，出锅装碗即可。

TIPS

　　此汤富含丰富的蛋白质、胡萝卜素、维生素等人体必需的营养物质，营养不良者食用尤为有用。

◎清炖 ⏱60分钟

牛尾萝卜汤

原料

牛尾500克

白萝卜150克

青笋100克

调料

葱段15克

姜片10克

精盐1小匙

味精1/2小匙

料酒1大匙

鸡汤350克

做法

1. 牛尾洗净，从骨节处断开，再放入沸水锅中，加入葱段、姜片焯透，捞出冲净。

2. 将牛尾放入汤碗中，加入料酒、精盐、葱段、姜片、鸡汤，上屉蒸约1小时至熟烂。

3. 将白萝卜、青笋分别去皮、洗净，挖成圆球状，再用沸水煮熟，放入牛尾汤中，然后加入味精调匀，续蒸20分钟，再撇去碗中浮油，捞出葱段、姜片，上桌即可。

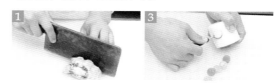

第二章 蔬菜篇

冬瓜

别名 | 白瓜、枕瓜、水芝　　中医食性 | 性微寒、味甘淡

不适用者：脾胃虚寒、肾虚者

原料介绍

冬瓜为一年生攀缘草本植物，主要以果实供人们食用。冬瓜原产我国南部以及东南亚、印度等地。广泛分布于亚洲热带、亚热带及温带地区，我国各地均有栽培，其中以广东、台湾产量最多。

营养分析

冬瓜果实中含少量蛋白质、碳水化合物，维生素C含量较多，此外还含有胡萝卜素、烟酸、钙、磷、铁等矿物质和纤维素。中医认为冬瓜有清热、润肺、止咳、消痰、解毒、利尿的功效，可治暑热烦闷、泻痢、脚气、咳喘、水肿、肾炎等病症。

食疗功效

冬瓜是瓜蔬中唯一不含脂肪的食品，其含有比较丰富的丙醇二酸成分，能抑制糖类物质转化为脂肪成分，有很好的减肥效果，故有"减肥瓜"之美称。

冬瓜含维生素C较多，且钾盐含量高，钠盐含量较低，高血压、肾脏病、水肿病等患者食之，可达到消肿而不伤正气的作用。

冬瓜中的含钠量较低，清淡适口，对患有肾脏病、糖尿病、高血压、冠心病者，冬瓜是非常理想的蔬菜品种之一。

烹饪提示

冬瓜本身没有味道，所以在制作冬瓜菜肴时，尤其是汤羹时，最好加入一些鲜味原料，如海米、虾皮、腊肉、火腿、蟹肉等一起制作成菜，不仅使菜肴荤素搭配，而且可以使口味更加鲜美入味。

黄金搭档

冬瓜+银耳=清热生津、利尿消肿 ✔

将含有丰富维生素C的冬瓜，配以有滋补、养颜功效的银耳一起制作成汤羹食用，有清热生津、利尿消肿之功效，适宜于高血压、心脏病、肾炎水肿等患者服食。

冬瓜+火腿=营养均衡、补肾强身 ✔

冬瓜与火腿两者一起搭配成菜，不仅能提供丰富的蛋白质、脂肪、维生素C和钙、磷、铁等微量元素，而且可以使人体营养均衡、补肾强身。

冬瓜+鸭肉=预防贫血，促进食欲 ✔

含有叶酸的冬瓜与含有维生素B_{12}的鸭肉同食，叶酸与维生素B_{12}都是造血所需要的营养素，可预防贫血，促进食欲。

放心储存

冬瓜在保存时需要注意，不要碰掉冬瓜上的白霜及碰伤瓜体，冬瓜上的白霜能防止外界微生物侵害和减少瓜肉水分蒸发，对冬瓜有保护作用，如果白霜被碰掉，冬瓜的保存时间就会缩短。其次不要把冬瓜放在潮湿的地方，因为冬瓜本身怕潮，受潮后易于腐烂变质。最后要注意不要把冬瓜放在温度过高的地方，应存放在凉爽通风处。

饮食误区

冬瓜+猪肝=降低两者的食疗功效 ❶

冬瓜不宜搭配猪肝同食，因为冬瓜如果与猪肝一起炒食，猪肝中的微量元素铜会使冬瓜中的维生素C氧化，从而降低猪肝和冬瓜的食用和食疗价值，所以两者不宜同食。

冬瓜+黄鱼=加重肠胃消化负担 ❶

中医认为冬瓜性微寒，而黄鱼属于多油脂水产品，两者搭配食用，会延长食物在人体肠胃的消化时间，加重肠胃消化负担。

安全选购

凡个体较大、肉厚湿润、表皮有一层粉末、皮较硬、肉质致密、种子已成熟变黄褐色的冬瓜均为质量好的冬瓜，反之，其质量就差。如冬瓜有纹肉，瓜身较轻的勿购买。肉质有花纹是因为瓜肉变松；瓜身很轻，说明此瓜已变质。

> **友情提示**
>
> 冬瓜主要产于夏季，取名为冬瓜是因为瓜熟之际，表面上有一层白粉状的东西，就好像是冬天所结的白霜。冬瓜按果实形状可分为扁圆形、短圆筒形和长圆筒形三种；按果实表皮颜色和蜡粉的有无分为青皮和白皮(粉皮)两种；也可按果实大小分为小果型和大果型。

滋养汤羹

里脊冬瓜汤

原料

里脊瘦肉饼100克

冬瓜150克

绿色蔬菜少许

胡萝卜2根

调料

精盐适量

胡椒粉适量

蔬菜高汤1200克

葱油少许

做法

1. 将里脊瘦肉饼切成宽条；冬瓜去皮、洗净，切三角形块备用。

2. 将胡萝卜去皮、洗净，切成块；绿色蔬菜依个人喜好选用，洗净待用。

3. 锅中加入蔬菜高汤烧沸，下入所有原料煮沸，再开盖煮8分钟，然后加入精盐、胡椒粉调味，淋上葱油即可。

TIPS

此汤滋阴润燥、补心益气。

羊肉丸炖冬瓜

原料

羊肉馅300克

冬瓜1/4个

鸡蛋1个

调料

姜末适量

葱段适量

精盐适量

味精适量

鸡精适量

花椒粉适量

淀粉适量

植物油适量

做法

1. 将羊肉馅加入鸡蛋液、精盐、花椒粉、姜末、淀粉调匀成馅儿料；冬瓜去皮、洗净，切成菱形块。

2. 锅中加入植物油烧至六成热，将馅儿料挤成丸子，下入油锅中炸熟，捞出沥油。

3. 净锅置火上，加入适量清水烧沸，再放入葱段、羊肉丸子、冬瓜煮沸。

4. 撇去浮沫，然后加入精盐、鸡精，转小火炖至软烂，调入味精，出锅装碗即可。

绿豆冬瓜汤

原料

冬瓜1/2个
绿豆300克

调料

姜10克
葱30克
精盐1/2小匙
鲜汤500克

做法

1. 姜洗净，拍破；葱去根，洗净，切成段；绿豆淘洗干净；冬瓜去皮、去瓤，洗净，切块。

2. 锅置旺火上，倒入鲜汤烧沸，捞去泡沫，放入姜、葱段，再放入绿豆炖煮至熟。

3. 然后放入冬瓜块，待炖至酥而不烂时，加入少许精盐调味即可。

荸荠冬瓜汤

原料

荸荠12个

黄豆80克

冬瓜750克

白果40克

猪瘦肉160克

调料

姜片10克

精盐适量

做法

1. 将荸荠去皮、洗净；黄豆挑去杂质，洗净；冬瓜去皮、洗净，切成片。

2. 白果去壳，用沸水浸泡片刻，去外衣和心；猪瘦肉洗净，切成片，用沸水焯烫，捞出沥干。

3. 锅中加入适量清水烧开，下入荸荠、黄豆、冬瓜、白果、猪瘦肉煮沸，再转小火煲约两小时，然后加入精盐调味，出锅装碗即可。

TIPS

冬瓜是减肥、美容的理想食品。患有肾脏病、糖尿病、高血压、冠心病者尤为适宜。冬瓜性寒，久病的人和阴虚火旺者忌食。

水煮 ⏱2.5小时

河蟹煲冬瓜

原料

河蟹3只

冬瓜250克

调料

葱末适量

姜末适量

精盐适量

味精适量

胡椒粉适量

鸡精1小匙

料酒1大匙

植物油1大匙

做法

1. 将河蟹洗涤整理干净，切成两半；冬瓜去皮及瓤，洗净，切成滚刀块。

2. 锅中加入植物油烧热，先下入葱末、姜末炒出香味，再烹入料酒，加入适量清水烧沸。

3. 然后放入河蟹、冬瓜块，加入精盐、味精、胡椒粉、鸡精调好口味，撇净浮沫，转中火炖至冬瓜软烂入味，出锅装碗即可。

TIPS

蟹肉很嫩，所以无须煮太久。

水煮 ⏱20分钟

鸡爪冬瓜汤

原料

冬瓜200克

鸡爪10只

红枣6枚

调料

精盐1大匙

味精2小匙

做法

1. 将鸡爪剁去爪尖，撕去老皮，洗净，再放入沸水锅中焯烫一下，捞出冲净。

2. 红枣洗净，去除果核；冬瓜去皮及瓤，洗净，切成大块。

3. 净锅置火上，加入适量清水，先放入鸡爪用旺火烧沸，再放入冬瓜块、红枣。

4. 转小火煮至鸡爪熟烂，然后加入精盐、味精调好口味，出锅装碗即可。

◎水煮 ⏱60分钟

第一章 蔬菜篇

61

冬瓜八宝汤

原料

冬瓜250克

干贝50克

虾仁50克

猪肉50克

香菇30克

胡萝卜20克

调料

葱段15克

姜片10克

精盐1小匙

做法

1. 将冬瓜洗净，去皮及瓤，切成小块；胡萝卜去皮、洗净，切成薄片。

2. 虾仁去沙线、洗净；猪肉洗净、切片；香菇泡透，去蒂、切块；干贝泡软，撕成细丝备用。

3. 锅中加入适量清水烧开，先下入冬瓜块、胡萝卜片、姜片煮熟，再放入干贝、虾仁、猪肉片煮至变色，然后转小火续煮3分钟，再加入精盐调味，撒上葱段，出锅装碗即可。

TIPS

冬瓜有良好的清热解暑功效，适合夏季食用。如果能保留冬瓜皮更好，营养更丰富。

◎水煮 ⏱30分钟

虾干冬瓜煲

原料

冬瓜1/4个

虾干250克

豌豆苗10克

调料

葱结10克

姜片10克

精盐1小匙

味精2小匙

鸡精2小匙

料酒2小匙

植物油4大匙

做法

1. 冬瓜去皮及瓤，洗净，切成长方块，用沸水焯一下，捞出沥干；虾干用沸水焯烫两遍，捞出沥水；豌豆苗洗净。

2. 锅置火上，加入植物油烧至六成热，先下入葱结、姜片炒香，烹入料酒，加入适量清水。

3. 再放入虾干和冬瓜块烧开，转小火炖至九分熟，然后加入精盐、味精、鸡精调味。

4. 倒入砂锅中，置小火上炖约10分钟，撒上豌豆苗，上桌即可。

南瓜

别名 | 麦瓜、茄瓜、饭瓜　中医食性 | 性温、味甘

不适用者：患脚气、黄疸者

原料介绍

南瓜为一年生蔓性草本植物，以果实供食用。曾有学者认为南瓜起源于亚洲，主要分布在中国、印度及日本等地，故有"中国南瓜"之别名，后来根据考古资料确认，南瓜起源于中、南美洲，现在世界各地均有栽种，以亚洲栽培面积最多，我国各地也普遍栽培，夏秋季节大量上市。

营养分析

南瓜中含有丰富的糖类和淀粉，所以老南瓜吃起来又香又甜，但其蛋白质和脂肪含量较低。南瓜的营养价值主要表现在它含有较丰富的维生素B_1、维生素B_2、维生素C和胡萝卜素，此外还含有一定量的铁和磷，这些物质对维护机体的生理功能有重要作用。

食疗功效

南瓜中含有果胶，可以很好地保护胃肠道黏膜，免受粗糙食品刺激，并可促进溃疡愈合和胆汁分泌，加强胃肠蠕动，帮助食物消化，适宜于胃病患者。此外，果胶有很好的吸附性，能黏结和消除体内细菌毒素和其他有害物质，如重金属中的铅、汞和放射性元素，起到解毒作用。

南瓜中含有丰富的微量元素钴，钴能起到活跃人体的新陈代谢，促进造血功能，并参与人体内维生素B_{12}的合成等作用，是人体胰岛细胞所必需的微量元素，对防治糖尿病、降低血糖有特殊的疗效。

现代研究发现，南瓜能消除致癌物质亚硝胺的突变作用，有防癌功效，并能帮助肝、肾功能的恢复，增强肝、肾细胞的再生能力。

烹饪提示

南瓜的外皮含有丰富的胡萝卜素和维生素等营养素，因此家庭在制作南瓜菜肴时，最好带皮一起烹调成熟，连南瓜外皮一起食用。如果南瓜的外皮较硬，可在南瓜熟

后，用刀将硬的部分削去再食用。

黄金搭档

南瓜＋河虾＝美白肌肤、消除疲劳 ✔

南瓜与河虾相配成菜，南瓜中富含
的维生素C与河虾
中的蛋白质合成，
有助于预防黑斑、
雀斑的形成，美白
肌肤，并且还有消
除疲劳的效果。

南瓜＋粳米＝预防贫血，恢复体力 ✔

南瓜中富含叶酸，粳米中含有矿物
质铁，两者一起煮制成羹食用，有助于
预防和改善贫血，消除疲劳，恢复体力。

南瓜＋猪肝＝补脾益气、明目养身 ✔

营养比较均衡的南瓜，配以猪肝一
起制作成汤羹食用，有健脾、养肝、明目
的功效，长期食之，对夜盲症有一定的
治疗效果。

放心储存

南瓜在蔬菜中属于非常容易保存
的一种，完整的南瓜可直接放置在阴凉
处，可保存一个月左右，放在冰箱里一
般可以存放2~3个月。家庭中如果需要
保存切开的南瓜，则先要去除瓜瓤，再
用保鲜膜包好，放入冰箱冷藏室内冷
藏，一般可存放一星期左右不变质。

饮食误区

南瓜＋羊肉＝影响人体健康 ❗

我国中医认为，羊肉为发物，不宜
与 南 瓜 同
食，否 则 会
易 发 脚 气 和
黄 疸 等 症，
影 响 人 体 健
康。此 外 南
瓜还不宜与鹿肉、螃蟹、鳝鱼同食。

南瓜＋米醋＝干扰淀粉的分解 ❗

富含淀粉的南瓜与含有醋酸的米
醋同食，会干扰淀粉的分解，使淀粉在
胃中滞留而腐败，不利于身体健康。

安全选购

南瓜宜选外观完整，果肉呈金黄
色，托在手上感觉分量较重，而且内外
无虫蛀及损伤情形者较佳。若南瓜表面
失去光泽即表示南瓜过于老化；但如南
瓜太小或过嫩，则水分多，瓜肉薄而松，
风味也不好。

> **友情提示**
>
> 南瓜一般为黄色，其黄色是南瓜
> 中含有的类胡萝卜素所致，南瓜颜色
> 越深，类胡萝卜素的含量就越多，如
> 果食用过量，容易使色素沉淀，引起
> 人体皮肤暂时性发黄，只要停止食
> 用，就可以自然恢复。

南瓜肉丸汤

原料

嫩南瓜200克
牛肉300克
甜玉米罐头1罐
番茄2个
鸡蛋1个
香菜段少许

调料

葱末少许
蒜末少许
精盐2小匙
鸡精1小匙
植物油适量

做法

1. 将南瓜去皮、去籽，洗净，切成丁；番茄洗净，放入开水中烫一下，去皮，切成块。

2. 牛肉洗净，剔净筋膜，用搅肉机搅成肉泥，再加入鸡蛋液、精盐、鸡精、葱花搅至上劲。

3. 锅中加入植物油烧热，将牛肉馅儿挤成丸子，放入油锅内炸至熟透，捞出沥油。

4. 锅留底油烧热，下入葱末、蒜末炒香，再放入南瓜丁炒软，加入适量清水煮沸。

5. 然后放入番茄块、甜玉米粒、牛肉丸煮至熟透，加入精盐调味，撒上香菜段，装碗即可。

TIPS

此菜有健脾消食、补肝明目、益气血、养血平肝之功效。

水煮 30分钟

腊肉南瓜汤

原料

南瓜400克
腊肉200克
莲藕100克
洋葱末少许

调料

精盐1小匙
味精1/2小匙
料酒2小匙
植物油2大匙

做法

1. 将南瓜洗净，从中间剖开，去瓤及籽，切成小块；腊肉洗净，切成薄片，用沸水焯去多余盐分，捞出冲净；莲藕去皮、洗净，切成薄片。

2. 坐锅点火，加油烧热，先下入洋葱末炒出香味，再放入腊肉片炒匀。

3. 然后烹入料酒，添入适量清水煮沸，再加入南瓜块、莲藕片、精盐、味精煮至熟烂，出锅装碗即可。

TIPS

此汤润肺益气、美容养颜。

第一章 蔬菜篇

67

第二章

畜肉篇

猪 肉

别名 | 豚肉　中医食性 | 性平、味甘咸

不适用者：心血管疾病、高血脂者

原料介绍

　　猪肉又名豚肉，是主要家畜之一、猪科动物家猪的肉。其性味甘咸平，含有丰富的蛋白质及脂肪、碳水化合物、钙、铁、磷等成分。猪肉是日常生活的主要副食品，具有补虚强身、滋阴润燥的作用。

营养分析　　猪肉含有丰富的蛋白质、脂肪、碳水化合物，此外还含有钙、磷、多种维生素等营养物质。中医认为猪肉有滋阴、润燥功效，主治热病伤津、肾虚体弱、产后血虚等症。

食疗功效

　　猪肉含有丰富的蛋白质和十余种氨基酸，是为人体提供优质蛋白质的理想原材料，经常食用猪肉可以强身健体，使人肌肤光泽健美。

　　猪肉除了含有氨基酸以及蛋白质外，还含有丰富的微量元素钾，钾能调节体内水液代谢，通利小便，消除水肿。

　　猪肉含有丰富的B族维生素，能够帮助人体新陈代谢，预防末梢神经炎。此外猪肉还可提供有机铁和促进铁吸收的半胱氨酸，能改善缺铁性贫血。

烹饪提示

　　在炒里脊丝或片时，需要注意先把里脊丝、片经过上浆油滑后再炒制成菜。因为里脊肉含有丰富蛋白质，如先将切好的里脊肉上浆、用温油油滑一下锅，再回锅烹炒，可使里脊肉中的蛋白质凝固，避免了直接烹炒时易炒碎、炒老的毛病，使口感更加鲜嫩好吃。

黄金搭档

猪肉＋猪肝＝强壮身体，增强免疫力 ✔

　　猪肉含有丰富的蛋白质和其他营养素，配以有补血、强身功效的猪肝一起炒制成菜食用，可有效地增强人体免疫力，尤其适于工作压力过大者食用。

猪肉＋蒜瓣＝消除疲劳，提高注意力 ✔

　　猪肉和蒜瓣都含有丰富的维生素B_1，用猪肉配以蒜瓣一起制作成菜，可很好地提高维生素B_1的吸收率，具有消除疲劳，提高注意力的效果。

猪肉＋韭菜＝美容养颜、帮助消化 ✔

　　猪肉含有丰富的维生素B_1和其他营养素，配以含有丰富蒜素的韭菜一起炒食，有助于消除疲劳，帮助消化并有养颜美容的效果。

放心储存

　　家庭中如果需要保存猪肉，可把猪肉放在保鲜盒内，洒上少许料酒，盖上盖儿，放入冰箱的冷藏室，可贮藏1~2天不变质。如果需要长期保存，则需要把猪肉用保鲜膜包裹好，放入冰箱冷冻室内冷冻保存，一般可保存1个月不变质。

饮食误区

猪肉＋羊肝＝易产生怪味 ⓘ

　　因为从食物药性来讲，二者配伍不宜，另外羊肝有膻气，与猪肉共同制作成菜，容易产生怪味。

猪肉＋菱角＝引起消化不良和腹胀 ⓘ

　　猪肉含有丰富的矿物质，与菱角中的维生素C结合会产生氧化作用，失去原来的营养价值，并且容易引起消化不良和腹胀等现象。

安全选购

　　选购猪肉时，要求其色泽红润、肉质透明、质地紧密、富有弹性，手按后能很快地复原，并有一种特殊的猪肉鲜味。

> **友情提示**
>
> 　　从市场上买回来的肉，上面黏附着许多脏物，用水冲洗时油腻腻的，不易洗净。如果用热淘米水清洗，脏物就很容易清除。也可拿一团和好的面，在肉上来回滚动，也能很快将脏物粘下。
>
> 　　里脊肉在切丝或片时，要顺着纹路斜切，因为猪里脊肉的肉质非常细嫩，如果横切成丝或片，炒熟后里脊肉会变得凌乱散碎。如顺着纹路斜切，即可使其不破碎，吃起来又不塞牙。

荷兰豆肉片汤

原料

猪肉300克

荷兰豆150克

豆腐100克

胡萝卜30克

洋葱30克

调料

精盐适量

鸡精1/2小匙

番茄酱1大匙

酱油1小匙

植物油2大匙

做法

1. 将猪肉洗净，切成片；胡萝卜切片；洋葱切条；豆腐切块。

2. 锅中加植物油烧热，下入肉片、酱油、番茄酱略炒片刻。

3. 加入适量清水煮沸，放入荷兰豆、豆腐、胡萝卜、洋葱条，加入精盐、鸡精煮至入味即可。

TIPS

此汤和中下气、益脾胃。

◎水煮 ⏱60分钟

糟香猪肉汤

原料

猪瘦肉400克

蜜柚100克

胡萝卜50克

西蓝花30克

洋葱丁少许

调料

红糟酱2大匙

精盐适量

鸡精1/2小匙

白糖少许

植物油1大匙

做法

1. 猪瘦肉洗净，切成小块；蜜柚剥去外皮，切成小块，放入淡盐水中浸泡。

2. 胡萝卜去皮，洗净，切成小段；西蓝花洗净，切成小朵。

3. 锅中放油烧热，下入洋葱丁、红糟酱、猪肉块炒上色。

4. 加入热水、蜜柚、胡萝卜段、西蓝花、精盐、鸡精、白糖煮30分钟，出锅装碗即可。

猪肉白菜汤

原料

猪里脊肉400克

白菜200克

干粉皮50克

香菜少许

调料

八角少许

葱段少许

姜片少许

精盐适量

鸡精1/2小匙

辣椒粉1小匙

黑芝麻1小匙

豆瓣酱2大匙

做法

1. 将猪里脊肉洗净，切成块，入沸水锅中焯烫，捞出放入清水中，加入葱段、姜片、八角烧沸煲成汤底，拣出调料备用。

2. 将白菜洗净，切成块；干粉皮用清水浸透；香菜洗净，切成段；芝麻压碎，同辣椒粉拌匀。

3. 另起锅，将猪里脊肉连汤倒入锅中，豆瓣酱用滤网过滤至汤锅中烧沸。

4. 再放入白菜、粉皮、精盐、鸡精煮至入味，撒入香菜段、辣椒粉、芝麻粉即可。

TIPS

此汤滋阴润燥、通利肠胃。

汤煮 30分钟

74

榨菜肉片酸菜汤

原料

卷心菜300克

红椒2个

榨菜50克

猪肉片50克

调料

葱花少许

八角1粒

精盐1小匙

味精1/2小匙

胡椒粉1/3小匙

植物油2大匙

西红柿汤1200克

做法

1. 卷心菜洗净，切成细丝，挤干水分；红椒洗净，去蒂及籽，切成小块；猪肉洗净，切成小片。

2. 榨菜洗净，切成小条，再放入沸水锅中煮约3分钟，捞出冲净。

3. 锅中加植物油烧热，先下入葱花、八角炒香，再放入猪肉片、榨菜、卷心菜、红椒块翻炒均匀。

4. 然后添入西红柿汤煮沸，再加入精盐、味精、胡椒粉煮约10分钟，出锅装碗即可。

TIPS

此汤能滋阴润燥、开胃生津、助消化

◎汤煮 ⏱20分钟

豆芽肉片汤

原料

猪肉200克

黄豆芽200克

香菇3朵

嫩香菜20克

调料

精盐1小匙

香油少许

胡椒粉少许

料酒少许

鸡精1/2小匙

高汤1000克

植物油适量

做法

1. 将猪肉洗净后切成片；香菇去蒂，洗净后切条；黄豆芽、香菜择洗干净，香菜切段备用。

2. 锅中加入植物油烧热，下入猪肉片、料酒煸炒，倒入高汤煮沸。

3. 下入香菇条、黄豆芽、精盐、鸡精煮沸，加入胡椒粉调味，滴入香油，撒上香菜段即可。

TIPS

　　此菜含食物纤维素，能抑制血糖素分泌，是糖尿病患者极为理想的食物。

莲子百合炖猪肉

原料

莲子10枚
百合30克
猪瘦肉300克

调料

葱结5克
姜片5克
料酒2小匙
精盐1大匙
味精1大匙
植物油3大匙

做法

1. 莲子放在水锅中，加少许食用碱，沸后煮约20分钟，捞出，除掉莲芯。

2. 百合洗净表面灰分；猪瘦肉洗净，切成1.5厘米见方的小块，均待用。

3. 炒锅上火，放植物油烧热，下葱结、姜片炸香，放入猪肉块，煸炒至变色。

4. 烹入料酒，掺适量清水烧开，倒在砂锅内，并放入莲子和百合，置小火上炖约45分钟。

5. 调入精盐、味精，继续炖至猪肉块软烂入味，拣出葱结、姜片，即可食用。

◎炖煮 ⏱60分钟

咖喱猪肉丸汤

原料

猪肉500克
鸡蛋1个
青椒30克
红椒30克

调料

葱花少许
洋葱末少许
茴香少许
陈皮末少许
精盐适量
姜汁1/2小匙
香油少许
咖喱酱3大匙
料酒1大匙
高汤2000克
植物油30克

做法

1. 辣椒洗净，去籽，切块。

2. 猪肉洗净切块，放入绞肉机中绞成泥后放入容器中。

3. 肉泥中加入蛋液、精盐、姜汁、葱花、陈皮末、料酒、香油，用筷子顺时针搅打至起劲，用手挤成肉丸，下入温水锅中小火煮至成熟，捞出。

4. 锅置火上，加入植物油烧热，下入洋葱末炒香，再下入辣椒拌炒均匀。

5. 倒入高汤，加咖喱酱煮沸，加入精盐煮至入味，撒上茴香即可。

TIPS

猪肉是人们餐桌上最为常见的肉类食品，营养丰富，富含蛋白质、脂肪及微量元素等。此菜具有滋阴润燥、补血之功效。

汤煮 45分钟

海带炖肉

原料

水发海带600克

猪瘦肉400克

调料

葱段15克

姜片10克

八角2瓣

精盐2小匙

酱油2小匙

白糖3大匙

料酒3大匙

香油1小匙

做法

1. 将猪瘦肉洗净，切成小块；水发海带漂洗干净，放入清水锅中煮10分钟，捞出过凉，切成小块。

2. 锅置火上，加入香油、白糖炒成糖色，再放入猪肉块、八角、葱段、姜片煸炒至肉面上色，然后加入酱油、精盐、料酒略炒。

3. 加入适量清水(以没过肉块为度)，用大火烧沸，转小火炖至八分熟，最后放入海带块炖约10分钟至海带入味，出锅装碗即可。

第二章 畜肉篇

79

肉丸紫菜汤

原料

猪肉馅150克

香菇70克

紫菜25克

香菜少许

调料

姜丝5克

精盐少许

胡椒粉少许

鸡精1小匙

蚝油1小匙

淀粉1小匙

做法

1. 香菇去蒂，洗净，剁成碎末；香菜择洗干净，切成碎末。

2. 猪肉馅中加入香菇末、少许鸡精、胡椒粉、蚝油、淀粉及适量清水搅匀上劲成馅儿料。

3. 坐锅点火，加入适量清水烧沸，先放入鸡精、精盐、胡椒粉调匀，再将馅儿料挤成小丸子。

4. 入锅煮至熟透，然后加入紫菜煮散，撒入香菜末、姜丝，装碗上桌即可。

TIPS

　　如果喜欢酸酸的口味，也可以在里面加入一点食用醋。

肉丝榨菜汤

原料

瘦猪肉100克

四川榨菜50克

黑木耳1朵

调料

精盐1/2小匙

味精2小匙

料酒2小匙

辣椒油1/2小匙

做法

1. 瘦猪肉洗净，切成3厘米长的细段；黑木耳放水中泡发后彻底洗净；榨菜洗净，也切成细丝。

2. 锅内加水，放入木耳，置大火上烧开，放入肉丝、料酒和精盐，烧开两分钟。

3. 放入榨菜丝，见开即可停火，盛入汤碗内，加入辣椒油和味精，上桌食用即可。

第二章 畜肉篇

青椒肉汤

原料

猪瘦肉150克
青椒1个
红椒1个

调料

精盐2小匙
味精1小匙
水淀粉2大匙
酱油1大匙

做法

1. 将猪瘦肉洗净，切成薄片，加入酱油、味精、水淀粉拌匀，腌约10分钟。

2. 青椒、红椒分别去蒂、去籽，用清水洗净，均切成坡刀片。

3. 锅置火上，加入适量清水烧沸，先放入青红椒片、猪肉片煮至熟嫩，再加入精盐、味精调好口味，出锅装碗即可。

◎水煮 ⏱20分钟

肉丝黄豆汤

| 原料 | 做法 |

原料

猪骨头500克

黄豆500克

猪腿肉250克

调料

葱花5克

精盐2小匙

味精少许

酱油1大匙

料酒2大匙

鲜汤1500克

熟猪油3大匙

做法

1. 将黄豆洗净，放入清水中浸泡12小时；猪骨头洗净，敲碎；猪肉洗净，切成3厘米长的丝。

2. 锅中加入适量清水，放入猪骨头、黄豆旺火烧沸，再转小火煨至熟烂，捞出黄豆。

3. 锅中加熟猪油烧热，先下入猪肉丝炒至变色，再烹入料酒，加入精盐、味精、酱油炒匀，然后添入鲜汤，放入黄豆煮沸，再撒上葱花即可。

猪 蹄

别名 | 猪脚、猪手　中医食性 | 性平、味甘咸

不适用者：慢性肝炎、胆囊炎、胆结石患者

原料介绍

猪蹄就是哺乳纲偶蹄目猪科猪属的脚，其细嫩味美、营养丰富，是老少皆宜的烹调原料之一。猪蹄又可分为前后两种，其中猪前蹄肉多骨少，呈直形；而猪后蹄肉少骨稍多，呈弯形。

营养分析

猪蹄含有大量胶原蛋白和少量的脂肪、碳水化合物。另外猪蹄还含有一定量的钙、磷、铁和维生素A、维生素B、维生素C等营养物质。另外猪蹄中的蛋白质水解后所产生的天冬氨酸、胀氨酸、精氨酸等11种氨基酸，具有很好的营养价值，中医认为有通乳脉、滑肌肤、去寒热、托痈疽、发疮毒、抗老防癌的功效，主治产后无乳或乳汁缺乏、血栓闭塞性脉管炎等症。

食疗功效

猪蹄中的胶原蛋白在烹调过程中可转化成明胶，它能结合许多水，从而有效改善机体生理功能和皮肤组织细胞的储水功能，防止皮肤过早褶皱，延缓皮肤衰老。

猪蹄对于经常四肢疲乏，腿部抽筋、麻木，消化道出血，失血性休克及缺血性脑病患者有一定辅助疗效，它还有助于青少年生长、发育和减缓中老年妇女骨质疏松的速度。

猪蹄含丰富的胶原蛋白，可促进毛皮生长，还可有效地防治进行性肌营养障碍，对消化道出血等失血性疾病有一定疗效，并可改善全身的微循环，从而使冠心病和缺血性脑病得以改善，对消化道出血、失水性休克有一定的疗效。

烹饪提示

煮猪蹄时，要想使汤味鲜美，应把猪蹄焯水后放入冷水锅内，用中小火慢煮。因为冷水煮可使猪蹄中的呈鲜物质更多地渗入汤内，所以成菜的汤味鲜美。

家庭中购买的猪蹄如果黏附一些脏物，直接用自来水冲洗很难洗净。可在清洗前把猪蹄浸泡在淘米水里几分钟，捞出洗净，脏物就容易去掉了。

黄金搭档

猪蹄+花生=健胸、丰乳 ✔

猪蹄和花生两者搭配成菜，可起到事半功倍的效果，可帮助胸部发育与乳汁分泌，有健胸、丰乳的效果，并且可用于气虚出血和脾胃虚弱者的调养和治疗。

猪蹄+茭白+红枣=安神、补血、丰胸 ✔

猪蹄含有胶原蛋白，对人体的皮肤有非常好的滋补保健作用，茭白有强筋养体的效果，再配以有补中益气、安神补血效果的红枣一起炖煮成菜，可益髓健骨、强筋养体、生精养血、催乳，可有效地增强乳汁的分泌，促进乳房发育。适用于妇女产后乳汁不足或无乳，另外对身体虚弱、疲倦不适、心烦失眠等症也有非常好的效果。

放心储存

猪蹄最好趁新鲜制作成菜，放冰箱内可保存几天不变质。如果需要长期保存生的猪蹄，可把猪蹄剁成两半，在表面涂抹上少许黄酒，用保鲜膜包裹起来，放入冰箱冷冻室内冷冻保存，食用时取出后自然化冻即可。

饮食误区

猪蹄+柿饼、杏仁、葡萄干=影响人体对营养素的吸收 ⚠

因为柿饼、杏仁、葡萄干中富含植酸，如果与猪蹄搭配食用，植酸会与猪蹄中的蛋白质和矿物质元素形成复合物，从而影响二者的可利用性。

猪蹄+茶水=易造成便秘，增加有毒物质的吸收 ⚠

茶叶的鞣酸会与猪蹄中的蛋白质合成具有收敛性的鞣酸蛋白质，使人体肠胃蠕动减慢，延长粪便在肠道中的滞留时间，不但易造成便秘，而且还增加了有毒物质和致癌物质的吸收，影响身体健康。

安全选购

选购猪蹄时要求猪蹄的肉皮色泽白亮并且富有光泽，无残留毛以及毛根；猪蹄肉色泽红润、肉质透明、质地紧密、富有弹性，用手轻轻按压一下能够很快地复原，并有一种特殊的猪肉鲜味。

> **友情提示**
>
> 猪蹄有时绒毛较多，如不全部去除，会影响成菜质量。快速去毛可用松香去除，方法是把松香先烧熔化，趁热刷或泼在猪毛上，待松香凉了，揭去松香，猪毛随着也会去掉。

玉米猪蹄煲

原料

净猪蹄1只
嫩玉米1穗
枸杞子15粒

调料

葱段10克
姜片10克
精盐2小匙
味精2小匙
鸡精2小匙
胡椒粉2小匙
料酒1大匙
香油1小匙
植物油3大匙

做法

1. 猪蹄洗净，切块，放入清水锅中，加入料酒焯煮10分钟；嫩玉米切段；枸杞用温水泡软。

2. 锅中加植物油烧热，先下入葱、姜炒香，再放入猪蹄、料酒和适量清水烧沸。

3. 然后转小火炖至猪蹄八分熟，再倒入砂锅中，加入精盐、味精、鸡精、胡椒粉煮匀。

4. 放入玉米段、枸杞子，续炖至猪蹄熟烂，离火，淋上香油，加盖儿上桌即可。

猪蹄花生红枣汤

原料

鲜猪蹄1个
带皮花生米100克
大红枣80克

调料

精盐1小匙
味精适量
料酒适量

做法

1. 将带皮花生米放入清水中浸泡8小时；猪蹄刮去残毛，用清水洗净，剁成小块，放入清水锅中烧沸，焯烫至透，捞出沥干；大红枣洗净。

2. 将猪蹄、花生、红枣连同泡花生的水一起放入锅中，再加入适量清水和精盐、味精、料酒。

3. 置旺火上烧沸，转小火炖至猪蹄熟烂入味，即可出锅装碗。

TIPS

这款汤中添加了花生、红枣，营养丰富，既可以美白，又能增加皮肤的弹性。

水煮 90分钟

第二章 畜肉篇

黄豆猪蹄汤

原料

猪蹄2只
黄豆250克

调料

葱段10克
姜片5克
精盐2小匙
味精适量
料酒1大匙

做法

1. 将猪蹄洗净，放入沸水锅中焯烫一下，捞出刮洗干净，切成大块。

2. 黄豆放入清水中浸泡1小时，捞出沥干。

3. 锅中加入适量清水，先下入猪蹄、姜片旺火烧沸，再撇去浮沫。

4. 放入料酒、葱段、黄豆，盖上锅盖，转小火焖煮至五分熟，然后加入精盐炖煮1小时，再放入味精调匀，出锅即可。

TIPS

要一次加足够量的水，中间不要再加水了。

炖煮 3小时

猪蹄冬瓜汤

原料

猪蹄1个
冬瓜1/2个

调料

精盐1大匙
味精1大匙

做法

1. 猪蹄洗净，纵向一劈为二，放入清水锅中烧沸，焯烫一下，捞出；冬瓜去皮，洗净，切成块。

2. 锅置火上，加入适量清水烧沸，放入猪蹄、冬瓜块烧沸，转小火煮至猪蹄熟烂。

3. 再加入精盐、味精调好口味，出锅盛入大碗中，即可上桌食用。

TIPS

猪蹄是女性美容养颜、滋养皮肤的食疗佳品。

◎水煮 ⏱90分钟

第二章 畜肉篇

排骨

别名 | 肋排、子排、骨头　　中医食性 | 性平、味甘咸

不适用者：肝胆疾病患者、动脉硬化者

原料介绍

排骨根据部位的不同，可分为多种，其中小排是指猪腹腔靠近肚腩部分的排骨，小排的肉层比较厚，并带有白色软骨。小排的上边是肋排和子排，子排是指腹腔连接背脊的部分，肋排是胸腔的片状排骨，肉层比较薄。

营养分析

排骨有很高的营养价值，除含有蛋白质、脂肪、多种维生素外，还含有大量磷酸钙、骨胶原、骨黏蛋白等，可为幼儿和老人提供钙质，并具有滋阴润燥、益精补血的功效。从营养角度讲，骨中的硬骨(其中的骨髓)营养价值大，而软骨营养价值小；从食用角度讲，软骨食用价值高，而硬骨食用价值较低。

食疗功效

排骨中含有丰富的蛋白质和多种氨基酸，可为人体提供优质蛋白质和其他营养素，经常食用可使人强身健体，肌肤光泽健美。

排骨中除了含有氨基酸以及蛋白质外，还含有丰富的微量元素钾，钾能调节体内水液代谢，有通利小便、消除水肿的效果。

排骨中含有的胆固醇是组成脑、肝、心、肾必不可少的物质，还是人体内分泌激素如性激素的主要原料。有一部分胆固醇经紫外线照射可转化为维生素D，能促进机体对钙的吸收，有助于人体的生长和发育。

此外排骨中还含有磷、钠、铁等微量元素，磷能够制造骨骼与牙齿所需要的营养，对发育中的青少年有很好的食疗效果。

烹饪提示

在腌渍排骨时，尽量用双手抓匀，使排骨更容易腌入味，味道也更美味。另外腌渍

好的排骨含有较多水分,放入油锅内炸制时,油花容易四溅烫伤手,应戴上胶皮手套来炸排骨。

黄金搭档

排骨＋酸菜＝营养丰富,强身健体 ✓

酸菜中的乳酸菌能够刺激食欲,配以营养丰富,有强身健体功效的排骨一起烧制食用,可使怀孕早期的妇女获得较全面的营养素,并有利于胎儿神经系统、骨骼等器官的发育,强健孕妇的体质。

排骨＋花生＝健胸、丰乳 ✓

排骨中含有比较丰富的胶原蛋白,有滋阴润燥、益精补血的功效,花生富含蛋白质和油脂,能提高乳汁质量,用排骨配以花生一起煮制成汤菜食用,可帮助胸部发育与乳汁分泌,有健胸、丰乳的效果。

放心储存

新鲜的排骨如果需要长时间保存,可把排骨剁成大小适宜的块,放入沸水锅内焯烫一下,捞出用冷水过凉,控净水分,再加上少许绍酒调拌均匀,用保鲜袋包裹好,放冰箱冷冻室内冷冻保存,一般可保鲜1个月不变质。

饮食误区

猪排骨＋茶水＝易形成便秘,增加有毒物质的吸收 ❶

食用猪排骨前后不宜大量饮茶,因为茶叶中的鞣酸会与排骨中的蛋白质合成具有收敛性的鞣酸蛋白质,使人体胃肠蠕动减慢,延长粪便在肠道中的滞留时间,不但易造成便秘,而且还增加了有毒物质和致癌物质的吸收,影响身体健康。

猪排骨＋果汁＝影响人体对蛋白质的吸收 ❶

排骨中含有丰富的蛋白质,而果汁中的酸性成分易与蛋白质产生作用,进而影响人体对蛋白质的吸收,严重者会导致腹泻。

安全选购

在购买鲜排骨时,要求排骨肉颜色明亮且呈红色,用手摸起来感觉肉质紧密,表面微干或略显湿润且不黏手的,按下后的凹印可迅速恢复,闻起来没有腥臭味的为佳。

> **友情提示**
>
> 为了让排骨在炸或烤的过程中不至于变硬,通常腌的时候可以添加一些嫩肉粉或小苏打以让肉质软化。嫩肉粉无色无味,但是腌的时间不宜超过1小时,小苏打腌的时间可以长一点,但是不能加太多,而且一定要用水稀释,不然容易有异味,色泽也不好看。

玉米核桃煲排骨

原料

排骨200克

玉米100克

核桃50克

调料

姜2片

陈皮丝5克

精盐1小匙

高汤精1/2小匙

胡椒粉1/2小匙

植物油2大匙

做法

1. 将排骨洗净，剁成段，焯水；玉米切段；核桃泡水，去皮备用。

2. 锅中加入清水，先下入排骨煮一会儿，再放入玉米段、姜片、陈皮丝、核桃煮开。

3. 然后加入高汤精，倒入电砂锅中煲30分钟，出锅前加入调料调味即可。

TIPS

　　核桃的食法很多，将核桃加适量盐水煮，喝水吃渣可治肾虚腰痛、遗精、阳痿、健忘、耳鸣、尿频等症。核桃与薏仁、枣子等同煮做粥吃，能治尿频、遗精、大便溏泻、五更泻等病症。

◎水煮 ⏱90分钟

排骨酥汤

原料

排骨600克

白萝卜500克

香菜20克

调料

精盐1小匙

酱油1大匙

白酒1大匙

淀粉3大匙

高汤400克

做法

1. 排骨洗净，剁成小段，放入碗中，加入少许精盐、酱油、白酒、淀粉拌匀，腌渍10分钟。

2. 锅中加油烧热，放入排骨炸酥，捞出沥油。

3. 白萝卜去皮，洗净，切成小块，放入炖盅内，加入适量高汤蒸10分钟。

4. 再放入排骨蒸约20分钟，然后加入酱油、精盐调味，出锅装碗，撒上香菜末即可。

第二章 畜肉篇

蔬菜排骨汤

原料

排骨500克
白菜段适量
西红柿块适量

调料

精盐1/2大匙
胡椒粉少许

做法

1. 排骨先汆烫过，去除血水后冲净泡沫捞出，另用开水煮，改小火，先烧30分钟。

2. 再加入白菜段与排骨同烧，待软烂时再放入西红柿块，然后加入精盐调味。

3. 待蔬菜排骨软烂香浓时熄火，盛出，撒上胡椒粉，即可食用。

芥蓝排骨汤

原料

排骨300克

芥蓝100克

玉米笋50克

虾仁30克

调料

精盐适量

胡椒粉适量

鸡精适量

白糖适量

料酒适量

酱油适量

植物油2大匙

高汤1000克

做法

1. 排骨洗净，剁成小段；芥蓝去皮，洗净，切成滚刀块，入水焯烫一下，捞出；玉米笋、虾仁洗净。

2. 锅中加入植物油烧热，下入排骨块煸炒，烹入料酒，加入酱油炒至上色。

3. 再放入玉米笋、虾仁、芥蓝炒匀，添入高汤炖熟，然后加入精盐、鸡精、胡椒粉、白糖调味，装碗即可。

TIPS

　　芥蓝含有多种维生素和丰富的矿物质，尤其是维生素A、维生素B₂、维生素C和钙的含量高，具有很高的营养价值，且口感鲜甜。此菜具有滋阴润燥、补血、开胃之功效。

◎焖炖 ⏱90分钟

第二章 畜肉篇

猪肚

别名 | 肚仁、肚尖、猪胃　中医食性 | 性温、味甘

不适用者：胃虚泄泻者

原料介绍

猪肚是猪的胃脏。猪肚的形状像个小袋，上下有两个口，上面的口叫贲门，下面的口叫幽门。幽门处有一尖角，俗名肚角，又称肚尖。生猪肚表面有白色网油，略带异臭味，但成熟后消失，成品非常有特色。

营养分析

猪肚的营养成分比较全面，含有比较丰富的蛋白质、脂肪和钙、磷、铁及各种维生素等营养物质，中医认为猪肚有补虚损、宜脾胃之功效，用于虚劳赢弱、泻泄、下痢、消渴、小便频数、小儿疳积等症。

食疗功效

猪肚有暖胃和推动胃部蠕动的作用，对胃部消化不良、胃弱症有很好的治疗功效。猪肚有生肌肉的效果，猪肚含有的蛋白素，内含强大黏性，可刺激皮肤组织新生细胞，使新肌生长。所以猪肚不但能愈合肠胃溃疡，对若干阴性外科久不收口者，也有愈合之效。

另外，猪肚还有补中气的功效。体力虚弱，往往中气不足。如经过重劳动，或行路过久，即感觉气短促，呼吸失调，这是中气不足之故。只要经常食用猪肚，就可以很好地滋补中气。猪肚含有钙、磷、铁等矿物质，可以很好地补益脾胃，帮助消化，补气养血。

烹饪提示

猪肚在制作前需要清洗干净，其基本方法是先把猪肚用清水洗净，再用盐、碱、矾和面粉等物抓搓，以去掉猪肚内外的污物，最后放入清水中漂洗干净即可使用。

黄金搭档

猪肚+芡实=健脾胃、益心肾 ✔

　　猪肚的营养成分比较全面，含有丰富的蛋白质、脂肪和多种微量元素，而芡实有益肾固精、补脾止泻的作用，两者制成汤羹食用，能健运脾胃、协调心肾、平补虚损，为四季皆宜之滋补汤羹。

猪肚+百合=滋阴安神、强壮身体 ✔

　　百合含有多种有利于人体健康的营养物质，其中的秋水仙胺等物质，不仅具有润肺止渴、宁心安神之功

效，而且能抑制癌细胞增生。用百合配以猪肚炖成汤羹，有滋阴安神、强壮身体的作用。

猪肚+鱼腥草=健胃清肺、止咳祛痰 ✔

　　鱼腥草有清热解毒的功效，配以猪肚一起制成菜肴，有健胃清肺、止咳祛痰的作用，适用于肺炎后期，机体初愈，胃纳不振，余毒未清者。

放心储存

　　新鲜的猪肚不宜长存，最好尽快食用。如需长期保存猪肚，需要把猪肚刮洗干净，放入清水锅内煮至近熟，捞出用冷水过凉，控去水分，切成条块，用保鲜袋包裹成小包装，放入冰箱冷冻室内冷冻保存即可。

饮食误区

猪肚+啤酒=产生过高尿酸，易引发痛风 ❗

　　猪肚的嘌呤含量很高，如果再配上富含嘌呤以及乙醇的啤酒，会产生过高的尿酸，易引发痛风，并且危害心血管的健康，所以在食用猪肚时不宜喝啤酒。

猪肚+黄豆=降低人体对营养素的吸收 ❗

　　猪肚含有较丰富的蛋白质和钙质，而黄豆中植酸含量很高，两者一起食用，植酸会与蛋白质和钙质相结合，降低和干扰人体对营养素的吸收和利用。

安全选购

　　新鲜的猪肚富有弹性和光泽，白色中略带浅黄色，黏液多；质地坚而厚实；不新鲜的猪肚白中带青，无弹性和光泽，黏液少，肉质松软，如将肚翻开，内部有硬的小疙瘩，不宜购买。

> **友情提示**
>
> 　　为了控制脂肪、饱和脂肪酸及胆固醇的吸收量，应少吃猪肚及内脏食物，并避免用油炸、油煎的方式烹调，煮熟后用纸吸去多余的油分，或冷却后把浮面的脂肪去除，以避免食用过多油脂，影响健康。

芥菜猪肚胡椒汤

原料
芥菜100克
鲜猪肚1个
粉肠300克
潮州咸菜50克

调料
姜3片
葱段少许
蒜肉2粒
白胡椒粒15克
精盐适量

做法

1. 潮州咸菜略浸，洗净，切条；白胡椒粒略冲净，沥干，芥菜洗净，切段。

2. 先用蒜肉洗净粉肠，剪去部分肥膏，洗净，放滚开水中略烫过后捞起。

3. 将猪肚洗涤整理干净，再放入有姜片、葱段的滚开水中略煮，捞起洗净备用。

4. 烧开适量清水，放入各种原料及姜2片，待再滚开，改用文火煲1小时至肚肠熟及汤浓，以适量精盐调味，出锅食用即可。

水煮 60分钟

酸辣猪肚汤

原料

熟猪肚200克

韭黄25克

调料

葱丝10克

姜丝3克

精盐1小匙

米醋2大匙

酱油1/2小匙

胡椒粉1/2小匙

高汤1200克

水淀粉2大匙

香油3大匙

做法

1. 将熟猪肚切丝；韭黄择洗干净，切成3.3厘米长的段。

2. 锅置火上，添入高汤，放入肚丝、葱丝、姜丝、精盐、酱油，汤开后，撇去浮沫。

3. 加入米醋、胡椒粉，用水淀粉勾芡，起锅盛入大汤碗中，上桌时，汤内再撒上韭黄，淋上香油即可。

◎汤煮 ⏱25分钟

山药猪肚汤

原料

猪肚400克
山药80克
薏苡仁80克
芡实15克

调料

姜片2片
精盐1/2小匙
料酒1大匙
玫瑰露酒5大匙
淀粉200克

做法

1. 将猪肚洗净，用玫瑰露酒反复抓洗，去除异味，再用淀粉搓去表面黏液，放入沸水中焯透，切成宽条。

2. 将薏苡仁洗净，用清水泡透；山药去皮，洗净，切粒；芡实洗净。

3. 锅中加水烧沸，放入猪肚、姜片、料酒、薏苡仁煲两小时，再下入芡实，转小火煲制30分钟。

4. 然后加入山药续煮20分钟，再放入精盐调好口味，装碗上桌即可。

TIPS

　　薏苡仁不仅为优良营养品，且具有利尿和抗癌作用；芡实补中益气，为滋养强壮性食物，和莲子有些相似，但芡实的收敛镇静作用比莲子强，适用于慢性泄泻和小便频数、梦遗滑精、妇女带多腰酸等。

水煮 ⏱3小时

淮山猪肚汤

原料
猪肚300克
鲜淮山100克

调料
枸杞子10克
姜片10克
精盐1大匙
白糖1小匙
味精2小匙
胡椒粉少许

做法

1. 鲜淮山削去外皮，洗净，改刀切成厚片；猪肚洗涤整理干净，也切成片备用。

2. 锅中加入适量清水烧沸，下入猪肚片焯烫一下，捞出沥水。

3. 汤锅中加入适量清水，下入猪肚片、姜片、淮山片、枸杞子，用中火煲40分钟。

4. 调入精盐、味精、白糖、胡椒粉，同煲20分钟，出锅装碗即可。

牛 肉

别名 | 里脊肉、外脊、小里脊　中医食性 | 性平、味甘

不适用者：肾炎患者

原料介绍

牛肉是肉类食品之一。中国的人均牛肉消费量仅次于猪肉。牛肉含有丰富的蛋白质和氨基酸，其组成比猪肉更接近人体需要，能提高机体抗病能力。寒冬食牛肉，有暖胃作用，为寒冬补益佳品。

营养分析

牛肉是营养丰富的肉类，含有蛋白质、脂肪、矿物质、B族维生素、钾、锌、镁、铁等，中医认为有补脾胃、益气血、强筋骨的效果，主治虚损羸瘦、消渴、脾弱不运、瘕积、水肿、腰膝酸软等症。

食疗功效

牛肉中的蛋白质不仅含量大，而且质量高，它由人体必需的8种氨基酸组成，且组成比例均衡，因此人摄食后几乎能被100%地吸收和利用。凡中气不足、气血两亏、体虚久病和颜面苍白、面浮腿肿的人，吃牛里脊肉都有助于改善症状。

牛肉的蛋白质中有一种叫肌氨酸的氨基酸，其含量比任何其他食品都高，肌氨酸被称作肌肉燃料之源，吸收后能在人体内迅速转化为能量，增强肌力，并能增长肌肉。对于从事强体力劳动者，宜吃牛肉。此外肌氨酸还能提供脑细胞活动需要的能量，有利于大脑发挥功能，所以学生在考试前吃牛肉，有可能取得"临时提高智力"的效果。

牛肉除了含有丰富的蛋白质外，还含有丰富的维生素以及锌、镁、铁等微量元素，可增强人体免疫力。此外，牛肉中脂肪含量很低，但它却是低脂的亚油酸来源，同时还是潜在的抗氧化剂。

烹饪提示

将牛肉炒得鲜嫩的要点主要有：在腌制牛里脊肉时可加少许油，使油渗入肉中，当入油锅炒时，肉中的油会因膨胀而将粗纤维破坏，这样肉就嫩了；此外，炒肉时油要多、要热，火要大，炒至八分熟，甚至七分熟即可，不要炒太久，以免太老。

牛肉应横切，将长纤维切断，这样才能易熟易烂。

黄金搭档

牛肉+橘子皮=强筋壮骨、滋脾健胃 ✔

牛肉和橘子皮搭配制作成菜，有益气养血、强筋壮骨、滋脾健胃、去痰平喘等效果，对腰膝酸软、久病体弱、气虚盗汗有疗效。

牛肉+青红椒=防止动脉硬化 ✔

牛肉含有丰富的维生素B_1，青红椒含类胡萝卜素和维生素C等，两者搭配成菜，有养五脏、益脾胃、润心肺、维持毛发和肌肤健康的效果，是冠状动脉硬化、高血脂、肥胖者食用的佳品。

牛肉+芹菜=预防贫血、增强体力 ✔

牛肉配以芹菜一起炒制成菜，可以预防贫血、增强体力，对体虚、贫血者有很好的食疗功效。

放心储存

家庭中如果需要短期保存牛肉，可把牛肉切成大小适合的块，放在保鲜盒内，洒上少许料酒，盖上盖，放入冰箱的冷藏室，可贮藏2~3天不变质。如果需要长期保存，则需要把牛肉用保鲜膜包裹好，放冰箱冷冻室内冷冻保存。

饮食误区

牛肉+猪肉=性味不同，功效互抵 ❷

从中医食物药性来看，牛肉甘温，能补脾胃、壮腰脚，有安中益气之功。而猪肉酸冷、微寒，有滋腻阴寒之性。二者一温一寒，一补中脾胃，一冷腻虚入，性味有所抵触，故不宜同食。

牛肉+田螺、橄榄=不易消化，会引起腹胀 ❷

牛肉与田螺或橄榄同食，不易消化，有时会引起腹胀，因此不宜搭配食用。

安全选购

分辨牛肉是否新鲜很简单，凡色泽鲜红而有光泽，肉纹细细，肉质坚实，无松弛之状，用尖刀插进里脊肉内拔出时感到有弹性，肉上的刀口随之紧缩的，就是新鲜的牛里脊肉。

友情提示

与人们常吃的猪肉比较，牛肉脂肪含量低，所以体胖的人无须担心因吃牛肉而摄入过多的油脂。胖人减肥时是不能缺少蛋白质的，牛肉既能补充高质量的蛋白质，又不具有太多的热量，因此是最佳的选择。

牛肉西红柿汤

原料

牛肉300克

西红柿100克

胡萝卜50克

玉米粒20克

青豆15克

洋葱末少许

调料

蒜末5克

精盐1小匙

鸡精1/2小匙

植物油2大匙

高汤适量

做法

1. 牛肉洗净，切块，先用沸水略焯，捞出冲净，再换水熬煮成牛肉高汤。

2. 西红柿洗净，切块；胡萝卜去皮，洗净，切成小丁；玉米粒、青豆洗净。

3. 锅中加油烧热，先下入洋葱末炒香，再放入西红柿炒软。

4. 然后加入玉米粒、胡萝卜、青豆、牛肉、高汤，放入精盐、鸡精、蒜末煮匀即可。

TIPS

煮牛肉时加一点洋葱，不仅可以去除肉腥味，也会使牛肉更加鲜香。

牛肉粒土豆汤

原料

土豆300克

牛肉150克

鲜香菇75克

榨菜粒50克

调料

香叶2片

葱花10克

精盐1小匙

味精1/2小匙

酱油1大匙

高汤1500克

黄油2大匙

做法

1. 土豆去皮，洗净，切成滚刀块；牛肉洗净，切成小粒；香菇去蒂，洗净，切成小丁。

2. 榨菜粒放入沸水中焯去多余盐分，捞出沥干。

3. 锅中加入黄油烧至熔化，下入葱花炒香，再放入牛肉粒、香菇粒、榨菜粒、酱油翻炒均匀。

4. 然后下入土豆块炒至上色，再添入高汤，加入精盐、味精、香叶煮至入味，拣出香叶，出锅装碗即可。

TIPS

在煲的过程中，最好一次性加够水，以水微微漫过食材为佳，这样最后焖出的牛肉汤汁滋味才会更加浓稠。

第二章 畜肉篇

香辣牛肉汤

原料

牛里脊片300克

黄豆芽100克

调料

郫县豆瓣1大匙

料酒2大匙

辣椒末2小匙

老抽1小匙

精盐1/2小匙

味精1/2小匙

鸡精1/2小匙

红辣椒10克

鲜汤适量

做法

1. 炒锅放入植物油烧六成热，加入红辣椒、郫县豆瓣、辣椒末炒出香辣味。

2. 加入鲜汤、酱油、料酒、味精、精盐、鸡精、老抽烧沸，放入黄豆芽煮熟，捞出放在汤碗内。

3. 再放入牛里脊片煮至断生，离火出锅，倒在盛有黄豆芽的汤碗内，上桌即可。

TIPS

绿豆芽具有清热解毒、利尿除湿、降血压等作用，是营养价值很高的食材。

牛肉豆腐汤

原料

豆腐1块

牛肉100克

油菜50克

洋葱粒15克

陈皮粒15克

调料

姜片15克

精盐1/2小匙

白糖1/2小匙

酱油1/2小匙

料酒1小匙

清汤适量

做法

1. 将豆腐洗净，切成块，放入沸水锅中焯烫一下，去除豆腥味，捞出沥水。

2. 牛肉洗净，切成小块，放入清水锅中烧沸，焯烫至透，捞出沥水；油菜择洗干净。

3. 锅中加入酱油、料酒、精盐、白糖、清汤、姜片烧沸，放入豆腐块、牛肉块煮至熟嫩，再放入油菜煮沸，撒上洋葱粒、陈皮粒，装碗即可。

TIPS

豆腐对更年期、病后调养、肥胖、皮肤粗糙很有好处；经常加夜班者也非常适合食用。

◎汤煮 ⊙30分钟

第二章 畜肉篇

牛肉鸭蛋汤

原料

鸭蛋2个

牛肉100克

调料

精盐适量

味精2小匙

料酒2小匙

胡椒粉1小匙

水淀粉1大匙

做法

1. 把鸭蛋磕入大碗中，用筷子打散成鸭蛋液；牛肉剔去筋膜，用清水洗净，切成小条。

2. 净锅置火上，加入适量清水，放入牛肉条烧沸，撇去浮沫，再转小火煮至牛肉条熟嫩。

3. 然后加入精盐、味精、胡椒粉，继续用小火煮至入味，淋上鸭蛋液和水淀粉并烧沸，加入料酒调匀，出锅装碗即可。

TIPS

　　此汤滋味鲜美、营养丰富，有补中益气、滋养脾胃、强健筋骨、化痰息风之功效。

◎水煮 ⏱20分钟

蔬菜牛肉汤

原料

土豆块50克

白菜块50克

菜花50克

扁豆50克

西红柿块50克

胡萝卜片50克

葱头丝50克

香菜段15克

调料

胡椒粒1大匙

精盐1大匙

黄油1大匙

味精2大匙

牛肉汤1000克

做法

1. 菜花洗净，掰成小朵；扁豆撕去豆筋，洗净，切成菱形片，放入沸水锅中焯透，捞出沥水。

2. 锅中加入牛肉汤烧沸，放入胡萝卜片、葱头丝、胡椒粒、香菜段、黄油、土豆块、白菜块、菜花煮至熟透。

3. 再放入扁豆片、西红柿块略煮，然后加入精盐、味精调味，出锅装碗即可。

TIPS

牛肉富含蛋白质、氨基酸，组成比猪肉更接近人体需要，能提高机体抗病能力，对生长和发育及术后病后调养的人在补充失血、修复组织等方面特别适用。绿色蔬菜中含有丰富的维生素、矿物质和膳食纤维，与牛肉搭配，可以弥补营养的不均衡。可以根据个人的口味不同，选择喜欢的蔬菜替换。

◎汤煮 ⏱30分钟

第二章 畜肉篇

羊 肉

食用部位 | 羊脊肉、羊腿肉、羊排等　中医食性 | 味甘

不适用者：肝病、高血压、急性肠炎患者

原料介绍

　　羊肉，性温，有山羊肉、绵羊肉、野羊肉之分。《本草纲目》中说："羊肉能暖中补虚，补中益气，开胃健身，益肾气，养胆明目，治虚劳寒冷，五劳七伤"，故最适宜在冬季食用。

营养分析　　羊肉含有丰富的蛋白质、脂肪、碳水化合物、维生素和多种微量元素，具有温中补虚、温经补血、温肾壮阳、开胃健力、生精血等功效，可用于治疗虚劳羸瘦、腰膝酸软、产后虚冷、虚寒胃痛、肾虚阳痿等症。

食疗功效

　　羊肉含有丰富的蛋白质和多种氨基酸，可为人体提供优质的蛋白质和其他营养素，经常食用可以温中补虚、强身健体。

　　羊肉除了含有蛋白质和氨基酸外，还含有丰富的微量元素钙，对骨质疏松及体质虚弱者很有帮助。

　　羊肉可以温补气血，促进血液循环，增强御寒能力。另外羊脊肉还可以帮助消化。

烹饪提示

　　在制作羊肉的菜肴时，可先把切成片、丁、条的羊肉用料酒、水淀粉等腌渍片刻，过油后再用爆、炒等技法制作成菜，可以使成菜肉质滑嫩。

黄金搭档

羊肉＋萝卜＝营养丰富，有益血气 ✔

萝卜搭配羊肉烧煮成菜，可为人体提供丰富的蛋白质、维生素C等营养成分，具有利五脏、益气血的功效。适于治疗消化不良、营养不良、虚损羸瘦、腰膝酸软等病症。

羊肉＋粳米＝益气补虚、益肾壮阳 ✔

羊肉性温热，是高蛋白、低胆固醇的食品，配以有补虚润肺效果的粳米一起熬煮成粥，可以益气补虚、温中暖下，还能益肾壮阳，最适合贫血、慢性胃炎及虚寒患者食用。

羊肉＋豆腐＝降低胆固醇，预防上火 ✔

羊肉含有胆固醇，而豆腐含有卵磷脂和异黄酮，有清热泻火、除烦、止渴、降低胆固醇的功效，用羊脊肉配以豆腐制作成菜，不仅可以使菜肴营养均衡，而且可以预防上火。

羊肉＋大葱＝解毒去火、增强体力 ✔

羊肉性温热，常吃易上火，而大葱能起到清凉、解毒、去火的作用。用羊肉配以大葱做菜，可以增强体力，并且预防上火。

放心储存

购买回来的鲜羊肉如果暂时不用，要及时进行冷藏或冷冻，使肉的温度降到5℃以下，以便减少细菌污染，并且可以延长羊脊肉的保鲜时间。

饮食误区

羊肉＋醋＝易生火动血，造成人体肠胃不适或腹泻 ❗

《本草纲目》上说："羊肉同醋食伤人心。"羊肉大热，醋性甘温，两物同煮，易生火动血，并且造成人体肠胃不适或腹泻。

羊肉＋茶水＝易引发便秘 ❗

羊肉中含有丰富的蛋白质，而茶叶中含有较多的鞣酸，吃羊脊肉后马上饮茶，会产生一种叫鞣酸蛋白质的物质，容易引发便秘，因此吃羊脊肉前后不宜饮茶。

安全选购

选购羊脊肉时要求肉色鲜红、肉质透明并紧实，表面纹理明显，用手轻按压肉面能很快地复原，并有一种特殊的羊肉鲜膻味。

> **友情提示**
>
> 许多人认为涮羊肉的汤营养丰富，实际恰恰相反，吃涮羊肉一般都要1个小时以上，此期间配料、没捞出来的羊肉等很多物质在高温中长时间混合煮沸，彼此间会发生一系列化学反应。经研究证明这些食品反应后产生的物质对人的健康不仅没有益处，甚至还会导致一些疾病的发生，因此涮羊肉的汤最好不要喝。

羊肉冬瓜汤

原料

羊肉300克

冬瓜200克

香菜末25克

调料

葱段少许

姜片少许

精盐1小匙

味精1/2小匙

胡椒粉1/2小匙

香油1/2小匙

做法

1. 将羊肉洗净，切成大块放入清水锅中烧沸，焯烫一下，捞出沥干。

2. 冬瓜去皮及瓤，洗净，切成菱形块，放入沸水锅中焯烫一下，捞出沥干。

3. 锅中加入适量清水烧沸，先放入羊肉块、葱段、姜片、精盐炖至八分熟，再放入冬瓜块煮至熟烂。

4. 拣去葱段、姜片，然后加入味精、胡椒粉、香菜末煮匀，淋上香油，出锅装碗即可。

TIPS

　　羊肉提前用调料腌制一下，肉会比较入味，且汤清淡不咸。

清炖 ⏱60分钟

羊肉洋葱汤

原料

羊肉300克

洋葱100克

调料

姜末少许

精盐1小匙

味精1/2小匙

蚝油1大匙

植物油2大匙

做法

1. 将羊肉洗净，切成薄片，再放入沸水锅中焯烫一下，去除油脂，捞出沥干；洋葱去皮，洗净，切成小块。

2. 锅中加植物油烧热，先下入姜末、洋葱块略炒，再添入适量清水烧沸，然后放入羊肉，加入精盐、味精、蚝油煮至入味，出锅装碗即可。

TIPS

此汤具有补气养血、红润肌肤、健胃消食的作用。

水煮 ⓒ25分钟

炖煮 ⏱45分钟

枸杞山药炖羊肉

原料

羊肉500克

山药200克

枸杞子25克

调料

葱段10克

姜片10克

精盐2小匙

鸡精1大匙

胡椒粉少许

香油少许

料酒2大匙

植物油适量

做法

1. 羊肉洗净，切成小块，放入清水锅中煮沸，捞出冲净。

2. 山药去皮，洗净，切成滚刀块，用清水浸泡；枸杞子用温水泡软。

3. 锅中加植物油烧热，先下入葱段、姜片炒香，再烹入料酒，添入适量清水，放入羊肉块煮开。

4. 然后转小火炖至九分熟，再下入山药块、枸杞子，加入精盐、鸡精、胡椒粉调味，续炖25分钟至软烂。

5. 最后拣出葱段、姜片，起锅倒入汤盆中，淋上香油即可。

萝卜羊肉汤

原料

羊肉500克

萝卜1000克

调料

葱适量

姜适量

精盐1大匙

味精1大匙

胡椒粉5小匙

做法

1. 将羊肉去筋膜，切成约3厘米大小的方块，放入沸水锅内焯烫一下，捞出沥水。

2. 萝卜去皮，冲洗干净，切成菱形片。

3. 锅中加入适量清水，放入羊肉烧沸，再改用小火煮约30分钟。

4. 然后放入切好的萝卜煮至熟烂，再加入精盐、味精、胡椒粉调味，出锅装碗即可。

清汤羊肉

原料

羊腩肉1000克

调料

葱段5克
姜块5克
花椒5克
八角5克
桂皮5克
香叶5克
精盐少许
味精少许
胡椒粉少许

做法

1. 将羊腩肉去筋膜，洗净，切成两厘米见方的块，再用清水冲洗干净，沥干水分。

2. 坐锅点火，加入适量清水烧开，先放入花椒、八角、桂皮、香叶、葱段、姜块、羊腩肉旺火烧沸。

3. 再撇去浮沫，转小火慢炖两小时，然后加入精盐、味精、胡椒粉调味，续炖10分钟，出锅装碗即可。

TIPS

煮原汁肉汤，一定要将肉泡出血水，这样做才能做到汤清色纯。

清炖 ⏱2小时

炖煮 ⏱90分钟

糊辣羊肉煲

原料

五花羊肉750克

白萝卜1根

干辣椒段20克

青蒜苗2棵

调料

葱结10克

生姜25克

白糖少许

精盐少许

味精少许

酱油少许

料酒75克

香油2小匙

植物油适量

做法

1. 五花羊肉洗净，切成块，放入清水中浸泡以去除血水，再放入冷水锅中，置火上焯煮约5分钟，捞出。

2. 白萝卜去皮，洗净，切成滚刀块；青蒜苗择洗干净，切成段；生姜去皮，洗净，切片。

3. 锅中加植物油烧热，炸香干辣椒段，放入羊肉块、萝卜块煸炒片刻。

4. 再下入葱结、姜片，加入料酒、酱油、清水用大火烧开，撇净浮沫，倒入砂锅内。

5. 将砂锅置小火上炖约1小时，再调入白糖、精盐、味精，继续炖至羊肉软烂时，撒入青蒜段，淋上香油，加盖儿上桌即可。

第二章 畜肉篇

117

滋养勿羹。

第三章

禽蛋篇

鸡肉

食用部位 | 鸡胸肉、鸡腿、鸡翅等　中医食性 | 性凉

不适用者：感冒伴有头痛、乏力、发热者

原料介绍

鸡为鸟纲鸡形目雉科原鸡属，是养禽业中饲养量最大的家禽，是人类高质量营养食品的重要来源之一。鸡肉品质的高低首先取决于鸡的品种，世界上鸡的品种数有100个左右，变种多达300个以上，但经济价值较高的品种仅10多个。

营养分析

鸡的营养价值很高，与畜肉比较，脂肪含量低，脂肪中饱和脂肪酸少，而亚油酸较多。中医认为，鸡有温中益气、补精填髓之功效，对虚劳食少、产后缺乳、病后虚弱、营养不良等症均有一定的治疗和保健效果。

食疗功效

鸡含有丰富的蛋白质，而脂肪中多为不饱和脂肪酸，因此是老年人、心血管疾病患者较好的蛋白质食品，尤其对体质虚弱、病后或产后者更为适宜。

鸡含有丰富的牛磺酸，能够增强人体免疫力。牛磺酸可以增强人的消化能力，有抗氧化和一定的解毒作用，在改善心脑功能、促进儿童智力发育方面，更是有较好的功效。

鸡还含有对人体生长和发育有重要作用的磷脂类营养素，是中国人膳食结构中脂肪和磷脂的重要来源之一，对营养不良、畏寒怕冷、乏力疲劳、月经不调、贫血、虚弱等症有很好的食疗作用。

烹饪提示

刚宰杀的鸡有一股腥味，在烹调时最好先将鸡放在盆内，加上盐、胡椒粉和少许啤酒揉搓均匀，再用清水洗净，这样烹制时就没有这种异味了。

黄金搭档

母鸡+人参=营养滋补，强身补虚 ✔

母鸡配以人参一起蒸或煮成菜肴食用，可大补元气、固脱生津、安神定志，尤其适用于男性房事过度、心悸失眠、肢软乏力等症。

鸡+糯米=营养丰富，大补元气 ✔

糯米配以整鸡一起制作成菜，营养丰富又全面，有维护机体各系统组织器官功能及增强抵抗力的效果。对各种原因造成的营养不良、体质虚弱、肌肉萎缩、消瘦无力、智力下降、性功能降低等身体衰退者，能起到大补元气、生肌添精、促进体质恢复的作用。

鸡+板栗=养胃健脾，强壮身体 ✔

板栗有养胃健脾、补肾强筋、活血止血的功效，而鸡营养丰富，有补虚羸、益气血的功效。用板栗与鸡搭配同食，可以补肾虚、益脾胃，适合肾虚病人食用，也是健康人强身补体的保健食品。

放心储存

家庭购买鲜活鸡可让服务人员宰杀，如果需要较长时间的保存，可先把鸡擦去表面水分，用保鲜膜包裹后放入冰箱冷冻室内冷冻保鲜，一般可保鲜半年之久。

饮食误区

鸡+大蒜=造成气滞，使身体产生不适 ❗

鸡肉性平味甘，而大蒜性热味辛，两者搭配食用，不但口味不佳，而且容易造成气滞，使身体产生不适。

鸡+柠檬=不利于人体消化 ❗

鸡肉中的蛋白质与柠檬中的醋酸、鞣酸相遇，会形成不利于人体消化的物质，还可能出现腹泻、腹痛、恶心等症状。

安全选购

在选购鲜活鸡时，可将鸡的翅膀提起，如其挣扎有力，双腿收起，鸣声长而响亮，有一定重量，则表明鸡活力强。此外鸡的鼻孔干净而无鼻水，头羽紧贴，脚爪的鳞片有光泽，鸡囊无积水，口腔无白膜或红点，不流口水者为健康鸡。如果鲜活鸡提起时挣扎无力，鸣声短促而嘶哑，脚伸而不收，则是不健康的鸡。

> **友情提示**
>
> 在日常生活中，有些人喜欢食用鸡臀尖（鸡尾股），这种吃法既不卫生也不科学。我们知道，鸡臀尖除了有较多脂肪组织外，还有无数的淋巴结，这些淋巴结能吞食进入鸡体内的各种致病物质，但不能分解它们。人们食用鸡臀尖后会严重危害身体健康，且后患无穷。

鸡肉蘑菇毛豆汤

原料

鸡腿150克

鲜香菇80克

毛豆仁80克

西红柿1个

水发海带50克

洋葱粒15克

调料

精盐1小匙

味精1/2大匙

蚝油1/2大匙

料酒1大匙

植物油2大匙

做法

1. 将鸡腿洗净，剁成大块，再放入沸水锅中焯烫一下，捞出冲净。

2. 海带洗净，切成菱形片；香菇去蒂，洗净，切成大片；西红柿去蒂，洗净，切成小块。

3. 锅中加植物油烧热，先下入洋葱、西红柿炒软，再添入适量清水，放入鸡腿炖煮30分钟。

4. 然后加入香菇片、毛豆仁、海带、精盐、味精、蚝油、料酒煮至入味，出锅装碗即可。

TIPS

此汤可养五脏，补气益胃、清咽止渴。

炖煮 45分钟

鸡肉西蓝花汤

原料

鸡腿肉300克
西蓝花100克

调料

葱丝15克
姜片10克
精盐2小匙
料酒2大匙
淡色酱油1大匙

做法

1. 鸡腿肉洗净，剔去骨头，切成大块，再放入沸水中焯烫一下，去除多余油脂，捞出冲净。

2. 西蓝花洗净，掰成小朵，用淡盐水浸泡。

3. 锅中加入适量清水，先下入鸡腿肉、姜片、料酒、淡色酱油旺火烧沸。

4. 再转小火煮约30分钟，待汤汁浓香时，放入精盐、西蓝花续煮5分钟，撒上葱丝即可。

🍲 水煮 ⏱ 45分钟

菠菜板栗鸡汤

原料

鸡翅300克

板栗100克

菠菜100克

调料

蒜片5克

姜片3克

精盐少许

老抽少许

味精1/2小匙

烧汁1大匙

料酒适量

植物油适量

做法

1. 将鸡翅择净绒毛，洗净，剁成大块，放入沸水锅中焯烫以去除血水，捞出沥净水分。

2. 板栗放入沸水中煮熟，取出剥壳；菠菜洗净，放入沸水中烫一下，捞出过凉。

3. 锅置火上，加入植物油烧热，先下入蒜片、姜片炒香，再放入鸡翅、栗子、老抽、烧汁炒至上色。

4. 然后烹入料酒，倒入适量清水烧开，转小火煲至熟烂，放入菠菜、味精续煮两分钟即可。

TIPS

此汤有补脾肾、通肠胃、润泽肌肤、滋阴润肺、补心益气的功效。

汤煮 ⓧ 45分钟

蝶瓜鸡肉汤

原料

鸡胸肉300克

蝶瓜200克

西葫芦150克

红椒50克

玉米笋30克

调料

葱花5克

精盐1小匙

鸡精1/2小匙

黑胡椒1/2小匙

海鲜酱油1大匙

高汤800克

植物油2大匙

做法

1. 将鸡胸肉洗净，切成厚片；蝶瓜去老皮，洗净，切成块；西葫芦洗净，去瓤，切成块；红椒去蒂、去籽，洗净，切成块；玉米笋洗净。

2. 锅置火上，加入植物油烧热，下入葱花炒香，再放入鸡肉片、蝶瓜块、西葫芦块、玉米笋和红椒翻炒均匀，倒入高汤煮沸。

3. 然后加入海鲜酱油、精盐、鸡精煮至入味，撒入黑胡椒调味，出锅装碗即可。

TIPS

不要提前放盐，一定要在准备出锅的时候再放盐，这样鸡汤会很鲜。

第三章 禽蛋篇

125

水煮 15分钟

鸡蓉玉米羹

原料

鸡胸肉150克
玉米粒100克
鸡蛋2个

调料

精盐1小匙
白糖1大匙
鸡精1/2小匙
水淀粉适量

做法

1. 将玉米粒洗净；鸡胸肉洗净，剁成蓉，下入沸水锅中焯烫一下，捞出沥干水分。

2. 鸡蛋洗净，磕入碗中搅匀成鸡蛋液。

3. 锅中加水烧开，下入玉米粒煮10分钟，再放入鸡蓉，加入白糖、鸡精、精盐续煮至熟嫩。

4. 然后用水淀粉勾芡，倒入搅拌好的鸡蛋液，出锅装碗即可。

芥菜鸡汤

原料

鸡腿2只

芥菜心1个

调料

姜片5克

精盐1小匙

料酒1大匙

做法

1. 将鸡腿洗净，剁成块，入沸水锅中焯烫，捞出冲净。

2. 将芥菜心一片片剥下，洗净，切小段，放入沸水中焯烫，捞出冲凉。

3. 锅中加入清水烧开，放入鸡块，再加入姜片、料酒烧开，然后转小火煮15分钟，再放入芥菜烧15分钟，加入精盐调味即可。

TIPS

　　芥菜含有大量的维生素C，是活性很强的还原物质，能增加大脑中氧含量。

◎水煮 ⏱40分钟

菠萝苦瓜鸡汤

原料

净土鸡半只
苦瓜1条
菠萝罐头1罐

调料

葱段10克
姜片5克
精盐1小匙
胡椒粉1小匙
料酒1大匙

做法

1. 将土鸡洗涤整理干净，剁成小块，下入沸水锅中焯烫一下，捞出沥水；苦瓜剖开，去籽，洗净，切成块。

2. 锅中加入适量清水烧沸，下入鸡块、葱段、姜片、料酒煮沸，再转小火煲煮约20分钟。

3. 然后加入菠萝、苦瓜续煮至熟烂，放入精盐、胡椒粉调味，出锅装碗即可。

TIPS

　　苦瓜养血滋肝，和脾补肾，有明目，降血糖的作用；菠萝营养丰富，维生素C的含量是苹果的5倍。蔬菜和水果同食对人体健康大有益处。

水煮　45分钟

百果鸡煲

原料

肥母鸡1只
白果10枚
红枣10枚
桂圆10枚
荔枝10枚
枸杞子20粒

调料

葱结10克
姜片10克
精盐2大匙
胡椒粉2大匙
味精1大匙
鸡精2小匙

做法

1. 将肥母鸡宰杀，放血，用85℃热水烫一遍，褪毛，从背部切开，取出内脏，洗净血污，剁去爪尖，放入清水锅中烧沸，煮约10分钟，捞出，用清水洗净污沫，控干水分。

2. 取大号汤锅，放入肥鸡（腹部朝上）、白果、红枣、桂圆、荔枝、枸杞子、葱结、姜片、胡椒粉。

3. 添入适量清水，用旺火烧沸，再转小火炖约1.5小时至鸡肉软烂。

4. 然后加入精盐、味精、鸡精续炖约10分钟至入味，原锅上桌即可。

◎清炖 ①2小时

清炖鸡参汤

原料

水发海参1只
仔鸡半只
火腿片25克
水发冬菇50克
笋花片50克
鸡骨500克
小排骨250克

调料

葱10克
姜10克
精盐1小匙
料酒2大匙
味精1小匙
高汤1000克

做法

1. 将发好的海参洗净，下开水锅中氽一下取出；鸡骨、小排骨切成块，与仔鸡一起下开水锅中氽一下取出，洗净血污；冬菇去蒂，洗净泥沙待用。

2. 将海参、仔鸡先拼放在汤碗内，将笋花片放在海参与仔鸡之间的空隙两头，火腿片放在中央，加入料酒、味精、精盐、葱姜、鸡骨、小排骨、高汤，盖上盖儿，上笼蒸烂取出，除去鸡骨、小排骨，拣去葱、姜即可。

TIPS

此汤可益气、补精、添髓，用于虚劳瘦弱、中虚食少、泄泻、头晕心悸、月经不调、产后乳少等。

◎蒸炖 ⏱90分钟

干笋煲土鸡

原料

土鸡1/2只

干笋100克

芹菜2根

调料

葱段2段

姜20片

蒜片少许

精盐1大匙

味精2小匙

料酒2大匙

酱油3大匙

做法

1. 将土鸡洗涤整理干净，切成小块；干笋洗净，切成丝；芹菜洗净，切成段。

2. 锅中加入清水烧沸，放入土鸡块汆烫3分钟，捞出，洗净。

3. 砂锅中倒入清水烧沸，加入土鸡块、干笋丝、芹菜段、葱段、蒜片和姜片。

4. 再放入精盐、味精、料酒和酱油煮沸，然后移入蒸锅中蒸炖两小时即可。

TIPS

干笋需要煮的时间长一点。

蒸炖 ⏱2.5小时

第三章 禽蛋篇

炖煮 ⓛ2.5小时

火腿土鸡煲

原料

土鸡1只
金华火腿160克
白菜心300克

调料

姜末40克
精盐适量
料酒2大匙

做法

1. 将土鸡洗涤整理干净，放入沸水锅中焯烫5分钟，捞出洗净。

2. 将白菜心、火腿洗净，均切成块。

3. 砂锅加入适量清水烧沸，放入土鸡、火腿、姜片，加入精盐、料酒，用中火炖约90分钟。

4. 再放入白菜心续炖40分钟，加入精盐调好口味，锅装碗即可。

TIPS

大白菜可促消化，能有效缓解高血脂及高血压等症，还具有排毒养颜的功效，搭配鸡肉、火腿，可补气壮阳，增强抵抗力，滋补强身的同时，远离感冒，更加充满活力。

参枣鸡煲

原料

鸡腿1只

红参15克

红枣10粒

调料

精盐2小匙

做法

1. 将鸡腿洗净，剁成块，入沸水锅中焯烫，捞出冲净备用。

2. 将红参、红枣洗净待用。

3. 将鸡腿、红参、红枣放入砂锅中，加入清水没过原料，用大火煮沸。

4. 再转小火炖约40分钟，待鸡肉熟透，加入精盐调味即可。

TIPS

　　红参和红枣是气血双补的佳品，可调整免疫平衡、补脾合胃、养血安神；鸡腿中含有蛋白质等营养成分，可补脾养血、补精填髓，此炖补尤为适合营养失调、长时间工作且压力大的人，能有效缓解疲劳、增强身心活力。

第三章 禽蛋篇

乌 鸡

食用部位 | 鸡胸肉、鸡腿、鸡翅等　中医食性 | 性平

不适用者：咳嗽多痰者，患严重外感疾患者

原料介绍

乌鸡在我国已经有四百多年的饲养历史，由于各地环境条件、选种目标、饲养条件的不同，乌鸡也形成了不同类型的地方品种，其中饲养量最大、分布最广的白色丝毛乌鸡，为我国江西泰和县的特产。

营养分析

乌鸡富含氨基酸，其中有10种氨基酸的含量比鸡肉高。中医认为，乌鸡有补肾强肝、补气益血等功效，对治疗妇女体虚、不孕、月经不调、习惯性流产、赤白带下及产后虚弱等症均有疗效。

食疗功效

乌鸡中含有人体不可缺少的赖氨酸、蛋氨酸和组氨酸，有相当高的滋补药用价值，特别是富含有极高滋补药用价值的黑色素，有滋阴、补肾、养血、填精、益肝、退热、补虚作用，能调节人体免疫功能和抗衰老。

乌鸡含有丰富的维生素A和矿物质，维生素A是保护皮肤的良药，具有很好的抗血栓功能，还有很好的防癌、抗癌功效。

乌鸡是低脂肪、低糖的营养食品，乌鸡的蛋白质占60%以上，脂肪只占不到20%，另外乌鸡含糖量也不高，是担心肥胖者以及患糖尿病患者可以放心食用的食品。

乌鸡是碱性食品。血液中酸性物质的量不断增加，会引起动脉硬化、高血压、糖尿病、痛风等各种疾病，而食用乌鸡的代谢产物为碱性，可中和血液中的部分酸性物质，降低血液中的胆固醇和中性脂肪含量，清洁血液。此外还可预防孕妇妊高征。

烹饪提示

在用乌鸡熬制汤羹时需要注意，在煮乌鸡前可用刀背将乌鸡的腿骨、胸骨砸碎，再放入汤锅内熬炖，可最大限度地发挥乌鸡的营养滋补功效；此外熬制时最好不用高压锅，而用砂锅熬炖(炖煮时宜用小火慢炖)，可使成菜口味别具一格。

黄金搭档

乌鸡＋凤尾菇＝隆胸丰乳 ✔

　　乌鸡配以凤尾菇制作成菜，对发育不良、产后缺乳等有很好的效果，并且有较好的丰乳效果。

乌鸡＋苹果＝消除疲劳，健美皮肤 ✔

　　乌鸡含有丰富的B族维生素，如维生素B_1、维生素B_2、维生素B_{12}等，而苹果含有丰富的维生素C和维生素E，两者搭配制作成菜，有助于消除疲劳，防止动脉硬化，并有健美皮肤的功效。

乌鸡＋竹荪＝降低对胆固醇的吸收 ✔

　　乌鸡配以竹荪一起烧煮成菜，可以降低对胆固醇的吸收，是高血压、高血脂、动脉硬化者的营养保健食品。

放心储存

　　保存乌鸡的方法有很多，一般采用低温保存是比较合适的。家庭中可把乌鸡收拾干净，擦净表面水分，放入保鲜袋内，入冰箱冷冻室内冷冻保存，一般情况下，保存乌鸡的温度越低，其保存时间就越长，正常情况下乌鸡可冷冻保鲜3~6个月。

饮食误区

乌鸡＋黄豆＝干扰对乌鸡中营养素的利用 ❷

　　黄豆中的酸性物质含量高，会影响人体对乌鸡中所含的蛋白质、钙、锌的吸收，干扰人体对乌鸡中营养素的利用。

乌鸡＋苋菜＝加重人体肠胃负担 ❷

　　乌鸡不宜搭配苋菜食用。乌鸡含有丰富的矿物质锌，而苋菜含有较多的维生素C，乌鸡中的锌会对维生素C产生氧化作用，加重人体肠胃的负担，引发腹痛、腹泻等。

安全选购

　　新鲜的乌鸡鸡嘴干燥，富有光泽，口腔黏液呈灰白色，洁净且没有异味；乌鸡眼充满整个眼窝，角膜有光泽；皮肤毛孔隆起，表面干燥而紧缩；肌肉结实，富有弹性。

> **友情提示**
>
> 　　乌鸡现在在很多国家都有养殖。由于饲养的环境不同，乌鸡的特征也有所不同，有白羽黑骨、黑羽黑骨、黑骨黑肉、白肉黑骨等类型。此外乌鸡羽毛的颜色也随着饲养方式的改变而变得多种多样，除了原本的白色外，现在有黑色、蓝色、暗黄色、灰色以及棕色等多种颜色。

芦笋南瓜乌鸡汤

原料

乌鸡400克
猪瘦肉100克
芦笋段100克
南瓜150克

调料

葱花适量
姜片适量
花椒粒适量
精盐适量
鸡精适量
料酒适量
植物油适量

做法

1. 乌鸡洗净，剁成块，用沸水略焯，捞出。

2. 将猪瘦肉洗净，切成片；南瓜去瓤，洗净，切成块。

3. 锅中加油烧热，下入葱花、姜片炒香，再放入猪肉片、南瓜块略炒。

4. 然后加入料酒及适量清水煮沸，再放入乌鸡、芦笋、花椒粒。

5. 最后加入精盐、鸡精炖至熟烂入味，出锅装碗即可。

TIPS

此汤清热降火、补益气血、抗疲劳。

炖煮 60分钟

罗汉果炖乌鸡

原料

净乌鸡1只
罗汉果3个
枸杞子15克
红枣8粒

调料

葱白段25克
姜片10克
精盐5小匙
味精2小匙
料酒4小匙

做法

1. 将乌鸡剁去脚爪，洗净；罗汉果洗净，拍破；枸杞子洗净；红枣去核，洗净。

2. 汤锅置火上，放入乌鸡、罗汉果、枸杞子、红枣，加入适量清水，放入葱段、姜片。

3. 再加入精盐、料酒调好味道，用旺火烧沸，撇去浮沫。

4. 转小火炖约1小时至乌鸡熟烂，加入味精，出锅装碗即可。

冬菇腐竹煲乌鸡

原料

净乌鸡300克

冬菇6朵

蜜枣3个

腐竹3根

调料

陈皮5克

精盐1小匙

做法

1. 将冬菇泡软，洗净；腐竹用温水浸泡至软；乌鸡洗净，剁成块，下入沸水锅中焯烫一下，捞出洗净，沥水。

2. 煲锅中加入适量清水，放入鸡块、冬菇、蜜枣、陈皮用大火煮滚。

3. 再转小火续煲约90分钟，下入腐竹煲约15分钟，加入精盐调好口味，出锅装碗即可。

TIPS

乌鸡能提高生理功能，延缓衰老，强筋健骨，适合一切体虚贫血、肝肾不足、脾胃不健的人食用。冬菇、蜜枣、陈皮不但具有理气健脾的功能，同时能使汤清味醇，具有养颜益气的作用。

○水煮 ○2小时

人参乌鸡汤

原料

乌鸡1只
鲜人参1根

调料

姜片10克
精盐2小匙
味精1小匙

做法

1. 将鲜人参刷洗干净(不要将参须弄断)；乌鸡宰杀，去毛、去内脏，洗涤整理干净，再放入沸水锅中焯煮5分钟，捞出冲净，剁成大块。

2. 坐锅点火，加入适量清水，先下入姜片、鸡块、人参旺火烧沸，再转中火煲约1.5小时。

3. 然后放入精盐、味精，转小火续煮10分钟，待鸡肉熟烂脱骨时，出锅装碗即可。

TIPS

此汤补血益气、强筋壮骨，延缓衰老，特别适合于老年人、妇女、少年儿童食用。

焖炖 2小时

鸭肉

食用部位 I 鸭胸肉、鸭翅、鸭脖等　中医食性 I 味甘

不适用者：胃部冷痛者、寒性痛经者、感冒患者

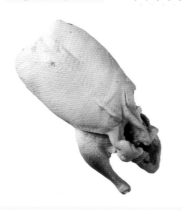

原料介绍

鸭子是一种重要的家禽，为鸟纲雁形目鸭科河鸭属，世界各地普遍饲养。家鸭起源于凫，而"凫"泛指野鸭，狭义指绿头鸭。鸭子的分布现遍及世界各国而集中于欧亚大陆，为一种重要的烹调原料。

营养分析

鸭子的营养价值较高，含有人体所需要的多种营养成分，如蛋白质、脂肪、糖类、多种维生素和矿物质。中医认为，鸭子有滋阴、养胃、利水和消肿的作用，除可大补虚劳外，还可消毒热、利小便、退疮疖、养胃生津、清热健脾等。

食疗功效

鸭子中蛋白质含量比畜肉高得多。此外，鸭子中的脂肪含量适中，易于被人体消化和吸收。

鸭子中微量元素钾含量很高，还含有较多的铁、铜、锌等，有滋阴补虚、利尿消肿的功效。

鸭子中含有较为丰富的维生素PP，它是构成人体内两种重要辅酶的成分之一，对心血管有保护作用。

鸭肉中的脂肪不同于黄油或猪油，其化学成分近似于橄榄油，有降低胆固醇的作用，对防治妊娠高血压综合征有益。

鸭肉所含B族维生素和维生素E比其他肉类多，能有效预防脚气病、神经炎和多种炎症，还能抗衰老。

烹饪提示

鸭子在蒸制前应先将鸭尾端两侧的臊豆去掉，并要用沸水煮几分钟以去掉血污；蒸制时要密封严密，以免水蒸气进入，只有这样蒸好的鸭子才没有臊腥味，且汤浓味美。

活鸭宰杀后由于绒毛较密，且毛中含有油脂，不易于拔除。可先用冷水将鸭毛浸湿，然后在热水里加上少许盐，再用热水烫鸭毛，这样就比较容易拔除。但需要注意的是，烫鸭子的热水不要烧沸，烧到水面起小泡就可以了。

黄金搭档

鸭子＋海参＝营养丰富，滋补强身 ✔

中医认为公鸭性微寒，母鸭性温，入药以老而白、骨乌者为佳。用老而肥大之鸭子配以有滋补效果的海参一起制作成菜，具有很大的滋补功效，可以补五脏之阴，清虚痨之热。

鸭子＋海带＝软化血管，降低血压 ✔

鸭子配以含有丰富微量元素碘的海带一起搭配制作成菜，可以软化血管，降低血压，对老年性动脉硬化和高血压、心脏病有较好的疗效。

鸭子＋山药＝消除油腻，滋阴补肺 ✔

山药的补阴虚功能更强，与鸭子一起制作成菜，既可消除油腻，还可起到滋阴补肺的效果。

放心储存

一般采用低温保存是比较合适的，家庭中可把鸭子收拾干净，放入保鲜袋内，入冰箱冷冻室内冷冻保存，一般情况下，保存温度越低，其保存时间就越长。

饮食误区

鸭子+烟熏、烘烤=增加患癌症的概率 ❗

不宜常食烟熏和烘烤的鸭子，因为鸭子在加工过程中会产生致癌物质苯并芘，经常食用会增加患癌症的概率。

鸭子＋鳖=易引起水肿、腹泻 ❗

中医认为，鳖肉性寒，有凉血滋阴的作用，而鸭子性微寒，两者均属于凉性食物，一起搭配食用，容易引起水肿、腹泻，甚至消化不良。

安全选购

新鲜的整鸭，鸭嘴干燥，有光泽，口腔黏液呈淡玫瑰色，洁净且没有异味；鸭眼充满整个眼窝，角膜有光泽；皮肤毛孔隆起，表面干燥而紧缩；肌肉结实，富有弹性。

炖煮 ⏱60分钟

鲜笋烤鸭汤

原料

烤鸭半只

竹笋150克

嫩玉米100克

木耳15克

调料

姜片10克

精盐1大匙

胡椒粉1/2小匙

白糖少许

白醋1小匙

料酒2大匙

植物油适量

香油适量

做法

1. 将烤鸭剁成大块；竹笋去壳，洗净，切成滚刀块备用。

2. 嫩玉米洗净，剁成小块；木耳用温水浸泡至发涨，去蒂，撕成小块。

3. 坐锅点火，放入植物油烧热，下入姜片煸香，再放入鸭块爆香，然后烹入料酒。

4. 加入精盐、竹笋块翻炒均匀，添入足量的清水，再加入玉米块、木耳块烧沸，转小火炖60分钟至熟嫩。

5. 加入胡椒粉、精盐、白醋、白糖调好口味，出锅倒在汤碗内，淋上香油，上桌即可。

当归鸭

原料

鸭肉400克

调料

老姜20克
当归药材包1包
精盐1小匙
料酒1小匙

做法

1. 将鸭肉洗净，切成块，放入沸水锅中焯烫，捞出冲净；老姜洗净，切成片。

2. 锅中放入鸭肉块、老姜、当归药材包，再加入清水没过鸭肉，用大火烧沸。

3. 然后转小火炖约40分钟，加入精盐、料酒，再煮约10分钟即可。

TIPS

当归是补心益肾的佳品，具有补血、养胃的功效。

炖煮 50分钟

水煮 ⏱60分钟

鲜笋卤鸭汤

原料

鸭架1个

鲜笋100克

玉米300克

木耳30克

香菜10克

调料

鲜姜20克

精盐1小匙

料酒1小匙

白糖1/2小匙

胡椒粉1/2小匙

米醋1/2小匙

香油1/2小匙

植物油2大匙

做法

1. 将鸭架去油脂，洗净，剁开，用温水泡5分钟备用。

2. 将鲜笋去笋壳，洗净，切滚刀块；玉米切段；鲜姜切片待用。

3. 锅中放入植物油烧热，下入姜片、鸭块爆香，添入开水烧沸，撇去浮沫。

4. 再放入鲜笋块、玉米段、木耳、调料煲45分钟，然后淋上米醋，撒上胡椒粉、香菜即可。

TIPS

　　竹笋具有低脂肪、低糖、多纤维的特点，本身可吸附大量的油脂来增加味道。

鲜柠檬煲鸭汤

原料

净光鸭半只

排骨250克

鲜柠檬1个

调料

葱段25克

姜片15克

精盐适量

料酒适量

胡椒粉适量

鸡精适量

植物油适量

做法

1. 将光鸭洗净，剁去鸭掌和鸭尾，放入清水锅内焯煮5分钟，捞出换清水洗净，沥水。

2. 排骨洗净血污，擦净水分，先顺骨缝切成长条，再剁成大块；鲜柠檬洗净，切成圆片。

3. 净锅置火上，放入清水烧沸，倒入排骨块焯烫一下，捞出沥净水分。

4. 锅中放油烧热，下入葱段、姜片炝锅，放入清水、鸭块、排骨块煮沸，转小火煮两小时，放入柠檬片和调料煮20分钟，出锅装碗即可。

TIPS

鸭肉可滋阴、养胃、利水，是清补佳品；鲜柠檬有开胃消食，改善血液循环的功效，所含的柠檬酸能防止和消除皮肤色素沉着，搭配排骨可起到健脾益胃、补虚，还有防止形成结石的作用。

第三章 禽蛋篇

苦瓜烤鸭煲

原料
烤鸭1/2只
苦瓜1根

调料
大葱15克
姜块10克
精盐1小匙
白糖1小匙
淀粉适量
胡椒粉适量
豆豉1大匙
植物油适量

做法

1. 将烤鸭切成小块，加入淀粉拌匀，放入热植物油锅中滑透，捞出沥油。

2. 苦瓜洗净，剖开，去籽，切成小块，放入沸水锅中焯烫一下，捞出；大葱择洗干净，切成小段；姜块去皮，洗净，切成小片。

3. 砂锅中放入烤鸭，加入适量清水烧沸，再放入苦瓜、葱段、姜片，加入精盐、白糖、胡椒粉、豆豉，用小火炖至熟烂，出锅装碗即可。

水煮 ⏱45分钟

银杏黄瓜煲水鸭

原料

水鸭1只
黄瓜1根
银杏5粒

调料

姜块10克
精盐2小匙
味精2小匙
胡椒粉少许
料酒1大匙

做法

1. 将水鸭洗涤整理干净；黄瓜去蒂，洗净，切开后去瓤，切成小段；姜块去皮，洗净，切成片。

2. 砂锅置火上，放入水鸭、黄瓜段、姜片，再加入适量清水、料酒烧沸，转小火煲约两小时。

3. 然后放入银杏煲约40分钟，最后加入精盐、味精、胡椒粉调味，装碗上桌即可。

鹅肉

别名 | 肥鹅、白鹅、家雁　　中医食性 | 性平、味甘

不适用者：皮肤疮毒者、瘙痒症者、动脉硬化者

原料介绍

鹅为鸟纲雁形目鸭科雁属大型水禽，食草，适于水乡和丘陵等地区放养。鹅按体型可分为大中小3种：大型成年鹅、中型种以及小型种。

营养分析

鹅为营养丰富的滋补原料，含有丰富的蛋白质、脂肪、糖类和钙、磷、钾、钠、铜等矿物质以及维生素A、维生素B_1、维生素B_2、维生素C等，有益气补虚、和胃止渴、止咳化痰、解铅毒等功效，适宜身体虚弱、口渴少津、气血不足、营养不良之人食用。

食疗功效

鹅中脂肪含量低，而且品质好，质地柔软，容易被人体消化吸收，其中不饱和脂肪酸的含量高，特别是亚麻酸含量均超过其他肉类，对人体健康有利。

鹅含有人体生长和发育所必需的各种氨基酸，其中赖氨酸、组氨酸和丙氨酸含量丰富，故鹅肉营养价值高，肉味鲜美。

烹饪提示

制作鹅肉菜肴时需要注意以下几点：切鹅肉时要逆纹路切成各种形状，不要顺纹路切，以免食用时嚼不烂；在烹调鹅腿时必须要先把腿肉上的筋和白色薄膜去除，再制作成菜；制作带皮烤鹅肉时，为了减少鹅肉里的油脂，要先在鹅皮上刺穿几个小洞，可使烧烤时油脂溢出并滴下，口味也更加鲜美；煮鹅肉时最好将鹅肉切成薄片或切成丝，用旺火快速煮即可。

黄金搭档

鹅+萝卜=止咳化痰，增强抵抗力 ✓

　　鹅配以有健胃理气、化痰利尿功效的萝卜一起烹调成菜，有强健脾胃、止咳化痰、平喘、增强抵抗力的效果，对治疗感冒和急慢性气管炎有比较好的效果。

鹅+党参=营养滋补，强身补虚 ✓

　　鹅和党参均是补益性原料，对人体有比较好的补益效果，用鹅配以党参一起烹调成菜食用，可以大补元气、安神定志、强身补虚，并且对脾胃两虚所致的消瘦乏力、食欲缺乏等有食疗功效。

鹅+山药=滋阴补肺，恢复体力 ✓

　　鹅，尤其是老鹅，既可补充人体水分又可以滋补阴虚，并有消热止咳的效果，而山药有很好的滋补效果，用鹅配以山药一起制作成菜，有改善体虚乏力、气短口渴的效果。

放心储存

　　鹅的个体较大，家庭在保存时需要把鹅去除内脏，用清水洗净，擦净表面水分，剁成大小适当的块，用保鲜膜包裹成小包装，放入冰箱冷冻室内冷冻保存，一般可保存1~2月不变质。

　　由于鹅肉的水分较多，且容易变质，因此新鲜的鹅肉不宜长期保鲜，如果需要长时间保存，除了可以把鹅肉用保鲜膜包裹后放冰箱冷冻保存外，也可在鹅肉表面涂抹上盐，挂在阴凉通风处长期保存，食用时用清水洗净后即可作为烹调原料制作菜品。

饮食误区

鹅+阳桃=容易引起消化不良 ⚠

　　鹅含有丰富的蛋白质，而阳桃含有较多的草酸，草酸遇到蛋白质会形成一种凝固物质，会使人消化不良。

鹅+柿子=易引起腹痛、腹泻 ⚠

　　柿子含有鞣酸，容易与鹅中的蛋白质结合，凝固成不易消化的物质，长时间滞留在肠胃中发酵，容易引起腹痛、腹泻等症状。

安全选购

　　质量好的活鹅，体大较重，臀部丰满，头颈较粗，羽毛紧密有光泽，尾部上举，眼睛圆而有神，肢体有活力，鹅龄不超过1年；宰杀后的鹅嘴有光泽、干燥、无黏液，洁净而没有异味，肌肉结实有弹性。选购鹅肉时，以肌肉切面有光泽，肉质富有弹性，肉色为粉红色或亮红色，外表无黏液者为佳。

> **友情提示**
>
> 　　鹅按羽色可分为白色和灰褐色两种：前者足及喙橙黄色，体型较小；后者体型较大，中国古代称苍鹅，色黄褐、灰褐或乌棕间有白色羽毛或白羽轮，也有白羽中带灰褐毛或灰褐毛中带白毛的。

枸杞桂圆炖鹅肉

原料

鹅肉500克

枸杞子15个

桂圆5个

红枣6粒

调料

姜段1段

葱2根

料酒2小匙

精盐1/2小匙

味精少许

做法

1. 鹅肉洗净，切5厘米长，3厘米宽的块；红枣、姜、葱洗净。

2. 将鹅肉放入砂锅中，加适量水煮沸，撇开浮油，加入枸杞子、桂圆、红枣、料酒、姜、葱，转小火炖至九成熟，加入精盐、味精，继续炖几分钟即可。

TIPS

　　鹅肉味甘平，有补阴益气、暖胃开津、祛风湿、防衰老之效，是中医食疗的上品。

清炖　⏱60分钟

时蔬炖大鹅

原料

鹅肉500克
山药150克
荷兰豆50克
白果仁50克
鲜香菇50克

调料

葱花15克
姜片5克
精盐2小匙
鸡精1小匙
料酒1大匙
植物油2大匙

做法

1. 鹅肉洗净，剁成大块，再放入沸水锅中焯烫一下，捞出冲净。

2. 香菇去蒂，洗净，山药去皮，洗净，荷兰豆择洗干净，均切成小块。

3. 锅中加油烧热，先下入葱花、姜片炒香，再放入鹅肉块略炒片刻，然后烹入料酒，添入高汤烧沸。

4. 再下入山药块、荷兰豆、白果、香菇块，加入精盐、鸡精，转小火炖至熟烂，出锅即可。

○清炖 ○60分钟

第三章 禽蛋篇

鸡蛋

别名 | 鸡卵、鸡子　中医食性 | 性凉、味辛

不适用者：高热、腹泻、胆石症者

原料介绍

鸡蛋为雌性禽类动物鸡所产的卵。鸡蛋外缘呈卵圆形，一端大较圆，另一端小略尖。近年来随着蛋用鸡品种的发展，蛋用鸡的产蛋量越来越多，而鸡蛋也成为我们日常饮食生活中不可或缺的营养原料之一。

营养分析

鸡蛋被认为是营养丰富的食品，含有蛋白质、脂肪、卵黄素、卵磷脂、维生素和铁、钙、钾等人体所需要的矿物质，有滋阴润燥、养心安神、补气养血的功效。

松花蛋

别名 | 皮蛋、碱蛋、泥蛋　中医食性 | 性凉、味甘咸

不适用者：少儿，寒湿下痢者

原料介绍

松花蛋是用鸭蛋配以多种辅料，如生石灰、纯碱、食盐、茶叶等腌制，使蛋液中蛋白质发生变性、凝固而成的。松花蛋是我国传统的风味蛋制品，不仅为国内广大消费者所喜爱，在国际市场上也享有盛名。

营养分析

松花蛋不但是美味佳肴，而且还有一定的药用价值。中医认为松花蛋有润喉、去热、醒酒、去大肠火、治泻痢等功效，可以清热消炎、养心安神、滋补健身，用于治疗牙周病、口疮、咽干口渴等症。

鹌鹑蛋

别名 | 鹑鸟蛋、鹌鹑卵　中医食性 | 性平、味甘

不适用者：脑血管病人

原料介绍

鹌鹑蛋为雌性鹌鹑所产的卵，是一种很好的滋补品，有"卵中佳品"之称。鹌鹑蛋呈近圆形，个体很小，单枚一般只有10克左右，表面有棕褐色斑点。鹌鹑产蛋高，一只雌鹌鹑一年可产蛋300多个。

营养分析

鹌鹑蛋的营养价值很高，含有丰富的蛋白质、维生素A、维生素B_1、维生素B_2、卵磷脂以及钙、铁、磷等矿物质。中医认为，鹌鹑蛋有补益气血、强身健脑的功效，对贫血、营养不良、神经衰弱、月经不调、高血压、支气管炎、血管硬化等病人具有调补作用。

咸鸭蛋

别名 | 青果、腌蛋、咸蛋　中医食性 | 性凉、味甘咸

不适用者：心血管病者、肝肾疾病者

原料介绍

咸鸭蛋是一种风味特殊、食用方便的再制蛋，是以鲜鸭蛋经食盐腌制或浸泡而成的一种蛋制品。咸鸭蛋在我国历史悠久，深受老百姓喜爱，在市场上也备受青睐。

营养分析

咸鸭蛋营养丰富，富含脂肪、蛋白质以及人体所需的各种氨基酸，还含有钙、磷、铁等多种矿物质和人体必需的各种微量元素及维生素，而且容易被人体所吸收，有滋阴、清肺、丰肌、泽肤、除热等功效。

汤煮 ① 15分钟

西红柿蛋花汤

原料

鸡蛋3个

西红柿2个

调料

葱花10克

胡椒粉少许

味精少许

姜末10克

精盐2小匙

熟猪油2大匙

香油2小匙

鲜汤1000克

水淀粉1大匙

做法

1. 将鸡蛋打入碗内，调成蛋液；把葱花、味精、胡椒粉、香油先放入汤碗内；西红柿用水烫后去皮，切丁。

2. 炒锅置旺火上，下熟猪油、姜末炒香，再放入鲜汤、精盐烧沸，用水淀粉勾芡，淋上蛋液做成蛋片，加入西红柿丁，倒入汤碗内即可。

TIPS

中医认为西红柿有生津止渴、健胃消食、凉血平肝、清热解毒、降低血压的功效，适宜高血压、肾病患者食用。

枸杞鸽蛋汤

原料

鸽蛋12个

水发海参2只

枸杞子15克

调料

葱末少许

姜末少许

酱油1大匙

料酒2大匙

胡椒粉适量

淀粉适量

植物油适量

做法

1. 鸽蛋放入冷水锅中，用小火煮熟，捞出过凉，去壳，裹上淀粉，入热油锅中炸成黄色，捞出。

2. 水发海参去肠，洗净，放入清水锅中焯烫一下，捞出沥水，剞上菱形花刀；枸杞子洗净。

3. 锅中加植物油烧热，下入葱末、姜末炝锅，再加入适量清水烧沸，放入海参、酱油、料酒、胡椒粉煮30分钟，然后加入鸽蛋、枸杞子煮10分钟，装碗即可。

TIPS

枸杞不宜与桂圆同食，两者性热容易使人上火。

滋养汤羹

萝卜丝鸡蛋汤

原料

白萝卜1/2根

鸡蛋2个

调料

蒜头2个

葱花1克

香油4小匙

精盐1/2小匙

味精少许

水淀粉少许

植物油适量

做法

1. 将萝卜洗净，切成丝；蒜头拍碎，切成末；鸡蛋磕入碗中，搅打成鸡蛋液。

2. 锅中加油烧热，下入蒜末爆香，再放入萝卜丝略炒。

3. 然后加入清水煮沸5分钟，再加入蛋液搅匀。

4. 最后加入精盐、味精调好口味，用水淀粉勾薄芡，淋上香油，撒上葱花即可。

TIPS

此汤味道鲜美、营养丰富，具有消食化痰、宽中下气、理气调理之功效。

🍲水煮 ⏱15分钟

皮蛋高汤杂菌

原料

皮蛋4个

鸡腿菇100克

蟹味菇100克

茶树菇50克

水发黑木耳50克

白菜50克

调料

蒜片15克

精盐1大匙

白糖1/2小匙

高汤精1小匙

橄榄油2大匙

做法

1. 皮蛋去壳，洗净，切成4瓣；鸡腿菇、蟹味菇、茶树菇、木耳分别去蒂，洗净；白菜洗净，切成细丝。

2. 锅中加油烧热，下入蒜片炒香，再放入白菜、木耳略炒，然后加入精盐炒熟，出锅装碗。

3. 锅再上火，加油烧热，先下入鸡腿菇、蟹味菇、茶树菇略炒。

4. 再添入清水，放入皮蛋、精盐、高汤精、白糖煮至入味，出锅浇在白菜、木耳上即可。

TIPS

菌类有益于人体的消化系统，具有补益健肾、护心作用。

冬菜鸡蛋汤

原料

鸡蛋2个

冬菜50克

调料

精盐2小匙

味精1小匙

香油适量

做法

1. 将冬菜择洗干净，沥去水分；鸡蛋磕入碗中，用筷子搅打均匀成鸡蛋液。

2. 净锅置火上，加入适量清水烧沸，放入冬菜稍煮，再慢慢淋入鸡蛋液。

3. 然后加入精盐、味精调好口味，起锅盛入大汤碗中，淋上香油即可。

TIPS

此汤味道鲜美、营养丰富，具有补益脾胃、滋养阴血、养心安神的功效。

水煮 ⏱15分钟

煎泡蛋汤

原料

鸡蛋4个

调料

葱丝5克
精盐1小匙
胡椒粉1小匙
味精1/2小匙
植物油2大匙

做法

1. 将鸡蛋磕入碗中,搅打均匀成鸡蛋液。

2. 炒锅置火上,加入植物油烧热,倒入鸡蛋液煎至定型并起泡,添入适量开水烧沸。

3. 再加入精盐、味精、胡椒粉煮至入味,起锅盛入大汤碗,撒上葱丝即可。

TIPS

　　鸡蛋中含有丰富的DHA和卵磷脂等,能健脑益智,避免老年人智力衰退,并可改善各个年龄组的记忆力,适合脑力劳动者食用。

○水煮 ⓘ15分钟

滋养汤羹

第四章

水产篇

鲤鱼

别名 | 龙门鱼、鲤拐子、赤鲤　中医食性 | 性平、味甘

不适用者：体阳亢及疮疡者慎食

原料介绍

鲤鱼素有"家鱼之首"的美称，因鱼鳞有十字纹理，故得鲤名。鲤鱼在我国内陆水域鱼类总产量中所占比重最大，资源十分丰富。其中黄河鲤鱼被誉为淡水"四大名鱼"之一。

营养分析

鲤鱼中的脂肪多为不饱和脂肪酸，能很好地降低胆固醇，可以防治动脉硬化、冠心病，因此多吃鲤鱼有比较好的保健效果。鲤鱼有促进发育的功效，鲤鱼富含多种氨基酸，其中谷氨酸、甘氨酸、组氨酸最为丰富且很易被人体吸收，很适于生长和发育中的儿童和老年人及病后体虚者。

鲫鱼

别名 | 喜头鱼、鲫瓜子　中医食性 | 性平温、味甘

不适用者：感冒发热期间不宜多吃

原料介绍

鲫鱼为我国重要食用鱼类之一，是一种典型的湖泊型淡水小型经济鱼类。在寒风萧萧、冷气袭人的冬季，鲫鱼肉肥子多，味尤鲜美，故民间有"冬鲫夏鲇"之说。

营养分析

鲫鱼所含的丰富蛋白质质优齐全，容易被人体消化吸收，是肝肾疾病、心脑血管疾病患者的良好蛋白质来源，经常食用，可补充营养，增强抗病能力。

鳙鱼

别名 | 花鲢、胖头鱼、大头鲢　　中医食性 | 性温、味甘

不适用者：热病及有内热者

原料介绍

鳙鱼体侧扁，头极肥大，体长仅为头长的2～3倍，眼小。鳙鱼喜欢生活于静水的中上层，动作较迟缓，自然分布于除黑龙江外的我国各大江河和湖泊，为我国主要淡水养殖鱼类之一，与鲢鱼、草鱼、青鱼合称为四大家鱼。

营养分析

鳙鱼鱼脑营养丰富，其中含有一种人体所需的鱼油，而鱼油中富含多种不饱和脂肪酸，它的主要成分就是我们所说的"脑黄金"，可以起到维持、提高、改善大脑机能作用。因此多吃鳙鱼鱼头能使人更加聪明。

鱿鱼

别名 | 枪乌贼、柔鱼、笔管　　中医食性 | 性平、味咸

不适用者：心血管病及肝病患者

原料介绍

鱿鱼为软体动物门头足纲枪形目枪乌贼科鱼类的总称。鱿鱼腹部为筒形，头部生有八只软足和两条特别长的触手，背脊上有一条形如胶质的软骨。

营养分析

经研究发现，经常食用鱿鱼或者鱿鱼干，能延缓身体衰老、补虚泽肤，还能补充脑力、预防老年痴呆症等，对容易罹患心血管方面疾病的中老年人特别有益。

原料

草鱼1条

鸡蛋2个

葱1支

调料

高汤500克

精盐2小匙

香油少许

做法

1. 草鱼洗净，切片；葱洗净，切末；鸡蛋打入碗中，调匀备用。

2. 锅中倒入高汤烧开，放入鱼片煮熟，加入蛋汁煮滚，再加精盐调匀，撒上葱末，淋上香油，即可盛出。

TIPS

鱼肉细嫩，蛋白质含量丰富，而且容易消化，因此是身体虚弱者的保健食物。

汤煮 20分钟

鳕鱼酱汤

原料

净鳕鱼肉300克

豆腐1块

干白菜80克

牛肉80克

青尖椒30克

调料

葱末10克

蒜末5克

精盐1小匙

味精1/2小匙

胡椒粉少许

辣椒酱1大匙

熟猪油2大匙

鲜汤适量

做法

1. 将鳕鱼肉洗净，切成大厚片；干白菜用清水泡发，洗净，沥干，切成小段。

2. 牛肉洗净，切成小片；豆腐洗净，切成小块；尖椒洗净，去蒂及籽，切成小圈。

3. 锅中加熟猪油烧热，先下入葱末、蒜末、辣椒酱炒香，再放入干白菜炒匀。

4. 然后添入清汤烧沸，放入鳕鱼、豆腐、牛肉片煮开。

5. 再加入尖椒圈、精盐、味精、胡椒粉略煮，出锅装碗即可。

TIPS

此汤益气补虚、调和脾胃。

○汤煮 ○30分钟

鱿鱼山药汤

原料

鱿鱼板300克

山药100克

面粉少许

素菜条(自选)少许

鸡蛋清1个

调料

精盐适量

味精1/3小匙

柠檬汁1小匙

鱼露1大匙

料酒1大匙

淡口酱油1/2小匙

柴鱼高汤1500克

做法

1. 将鱿鱼板洗净，切成长条，入沸水锅中焯烫1分钟，捞出沥水；山药去皮，洗净，切成块，放入清水中浸泡备用。

2. 蛋清中加入面粉搅匀成糊，将素菜条裹匀蛋清糊，入七成热油中炸熟，捞出沥油待用。

3. 净锅置火上，倒入柴鱼高汤，加入山药及调料煮至熟烂。

4. 再放入鱿鱼烫熟，离火，盛入汤碗中，然后放入炸素菜即可。

TIPS

此汤滋养壮身、助消化、补脾益气、利水

原料

带鱼200克
南瓜150克
红椒圈少许

调料

葱花5克
精盐1小匙
味精1/2小匙
白酱油75克
料酒1大匙
植物油1大匙
高汤适量

做法

1. 将带鱼去内脏，剁掉头尾，洗净，斜剞上一字花刀，斩成块；南瓜去皮、去瓤，洗净，切成块。

2. 煎锅置火上，加入植物油烧热，下入带鱼段煎成金黄色，取出沥油。

3. 锅置火上，加入高汤烧沸，先放入带鱼段、南瓜块。

4. 再加入调料煮25分钟至入味，撒上红椒圈，出锅装碗即可。

汤煮 ⏱20分钟

苦瓜银鱼汤

原料
苦瓜150克
银鱼100克
枸杞子10克

调料
姜片10克
精盐2小匙
胡椒粉少许
香油1小匙
植物油1大匙

做法

1. 苦瓜洗净，去籽，刮去白膜，切成薄片；银鱼收拾干净，放入沸水锅中焯烫一下，捞出沥水；枸杞子洗净、沥水。

2. 锅置火上，加入植物油烧至六成热，下入姜片炒出香味，加入清水烧沸，捞出姜片不用。

3. 再放入苦瓜片、银鱼、枸杞子煮匀，然后加入精盐、胡椒粉，淋上香油，出锅装碗即可。

TIPS

此汤银鱼洁白、苦瓜碧绿，可去火清热。

水煮 30分钟

原料

鲈鱼1条

西红柿3个

蛤蜊50克

香菜15克

调料

姜丝少许

蒜末少许

精盐适量

白糖1小匙

鸡精1/2小匙

料酒1大匙

植物油2大匙

做法

1. 鲈鱼宰杀，洗涤整理干净，去头，剔骨，切成片，加入料酒、姜丝、精盐腌渍，去除腥味。

2. 蛤蜊用清水冲洗干净；西红柿洗净，切成小块；香菜洗净，切成小段。

3. 锅中加入植物油烧至四成热，先下入蒜末、西红柿炒至出汁，再倒入适量清水煮沸。

4. 然后放入鲈鱼、蛤蜊、精盐、白糖、鸡精煮至入味，撒上香菜段，出锅装碗即可。

TIPS

此汤补五脏、和脾胃、润肤美容。

◎水煮 ⏱30分钟

香菇梭鱼汤

原料

梭鱼1尾
香菇50克
豆芽50克

调料

葱适量
姜适量
精盐适量
胡椒粉适量
姜汁适量
味精1/2小匙
料酒1大匙
清汤2000克

做法

1. 梭鱼洗涤整理干净，去头、去尾，切成段，加入精盐、料酒、姜汁腌渍20分钟。

2. 将香菇和豆芽分别洗净，沥干水分。

3. 汤煲中加入清汤煮沸，下入梭鱼段、香菇、豆芽烧沸。

4. 再加入精盐、味精、料酒、姜汁、胡椒粉煲至入味，然后撒上葱、姜，出锅装碗即可。

TIPS

此汤可以开胃、通利五脏。

○汤煮 ⓢ30分钟

香辣鱿鱼汤

原料

鲜鱿鱼300克
西蓝花100克
洋葱50克
鲜百合30克

调料

白糖1小匙
鸡精1/2小匙
料酒1大匙
高汤1500克
香辣酱2大匙
植物油2大匙

做法

1. 将鱿鱼去头、去内脏、去黑膜，洗涤整理干净，切成小圈，再用沸水焯烫一下，捞出过凉。

2. 将西蓝花洗净，掰成小朵；百合、洋葱去皮，洗净，均切成小块。

3. 锅中加植物油烧至四成热，先下入香辣酱、洋葱炒香，再烹入料酒，添入高汤煮沸。

4. 然后放入鱿鱼、西蓝花、百合、白糖、鸡精，煮至入味即可。

TIPS

此汤补虚润肤、养阴润肺。

第四章·水产篇

171

冬瓜烧鱼尾

原料

草鱼尾1个

冬瓜200克

香菜15克

调料

葱5克

姜5克

精盐1/2小匙

酱油1/2小匙

白糖1/2小匙

米醋1小匙

料酒1小匙

水淀粉1小匙

植物油适量

做法

1. 将鱼尾洗净,用精盐、料酒腌渍10分钟;冬瓜去皮、籽,洗净,切成片;香菜洗净,切段。

2. 锅中留底油烧热,放入鱼尾两面煎至上色,再放入葱、姜略炒。

3. 然后放入冬瓜,加入精盐、料酒、酱油、白糖及适量清水,用小火烧沸。

4. 再转大火收汁,用水淀粉勾芡,烹入米醋,撒上香菜段,即可出锅装碗。

TIPS

冬瓜与其他瓜果不同的是,冬瓜不含脂肪,并且含钠量低,有利尿排湿的功效。

节瓜鲫鱼汤

原料

节瓜200克

鲫鱼1条

调料

蒜片5克

姜丝5克

精盐1小匙

鸡精1/2小匙

香油1/2小匙

植物油2大匙

做法

1. 将鲫鱼去鳞、去鳃、除去内脏，用清水洗净；节瓜去皮、去瓤，洗净，切成大片。

2. 锅置火上，放入植物油烧至七成热，放入鲫鱼煎上颜色，把鲫鱼推至锅的一边。

3. 再下入蒜片、姜丝爆锅，然后加入适量清水烧煮至沸。

4. 放入节瓜片，转小火煮至鲫鱼熟烂，加入精盐、鸡精、香油调味，出锅装碗即成。

TIPS

　　节瓜作为食用蔬果，可以做菜肴，也可煲汤以作解暑的茶水饮用。

冻豆腐炖鱼头

原料

净鳙鱼头1个

冻豆腐350克

笋干150克

薏米少许

调料

姜片20克

精盐1/2小匙

白糖1/2小匙

胡椒粉1/2小匙

料酒1小匙

植物油2大匙

做法

1. 冻豆腐用清水化开，挤去水分；薏米、笋干分别放入清水中泡透，洗净，沥干。

2. 鱼头洗净，用热油煎成金黄色，捞出沥油。

3. 锅中加入适量清水，先下入鱼头、冻豆腐、薏米、笋干、姜片旺火烧沸。

4. 再加入料酒、精盐、白糖、胡椒粉炖煮20分钟，出锅即可。

TIPS

冻豆腐软韧，富有弹性；汤鲜清澈，开胃爽口。

酸辣鱼肉羹

原料

草鱼1条
水发木耳50克
胡萝卜50克
香菜末少许

调料

精盐1/2小匙
胡椒粉2小匙
味精2小匙
白醋4小匙
小辣椒1瓶
水淀粉适量

做法

1. 将草鱼去鳞、去鳃、除内脏，洗净后去骨取肉，切成小丁；木耳洗净，切丁；胡萝卜洗净，切丁备用。

2. 坐锅点火，加入适量清水烧开，先下入草鱼丁、木耳丁、胡萝卜丁。

3. 再加入精盐、味精、小辣椒、胡椒粉、白醋，烧开后撇去浮沫，用水淀粉勾芡，撒上香菜末即可。

TIPS

勾芡要均匀适度，注意别有疙瘩或者粉块。

水煮 ⏱20分钟

鲜虾

别名 | 大虾、河虾、草虾　中医食性 | 性温、味甘
不适用者：过敏性鼻炎、支气管炎

原料介绍

虾属节肢动物甲壳类，其种类很多，包括青虾、河虾、草虾、对虾、明虾等。虾还可以分为海虾和淡水虾，海虾主要分布于我国黄渤海和朝鲜西部沿海。河虾广泛分布于我国江河、湖泊、水库和池塘中，是优质的淡水虾。

营养分析

鲜虾不但含有丰富的蛋白质、脂肪、微量元素(磷、锌、钙、铁等)和氨基酸等对人体有益的物质，还含有大量的激素，尤其适合男性食用，被誉为补肾佳品。

选购与储存

选购鲜虾时需要以下四个步骤：首先看外形，新鲜的虾头、尾完整，头、尾与身体紧密相连，虾身较挺，有一定的弯曲度。看色泽，新鲜虾皮壳发亮，河虾呈青绿色，对虾呈青白色(雌虾)或蛋黄色(雄虾)。再看肉质，新鲜的虾，肉质坚实、细嫩，手触摸时感觉硬，有弹性。最后闻气味，新鲜虾气味正常，无异味。如果达不到上面的标准，则表明虾已经不新鲜了。

鲜虾如果需要冷藏或冷冻保存，需要先把鲜虾的虾须剪去，放入保鲜袋内并扎紧袋口，即可冷藏或冷冻。如果需要将鲜虾保鲜，需要采用冰冷藏，即先在容器底部铺一层冰，撒一层盐，码放上鲜虾，上面再铺一层碎冰，最后用草袋封口即可。

烹饪提示

在煮制鲜虾时，除了需要把鲜虾去掉沙线外，可在煮虾的清水里加上少许白醋，可使煮熟的鲜虾色泽亮丽，而且食用的时候虾壳和虾肉也易于分离。

在剁鲜虾的虾蓉时，不宜剁得过于细腻。这是因为，鲜虾的虾肉组织非常松软、柔嫩，如果剁得过于细腻，很容易使鲜味物质和水分流失，因而失去鲜嫩爽口的特色。

虾蛄

别名 | **虾耙子、皮皮虾**　　中医食性 | **性温、味甘**

不适用者：过敏体质者、哮喘病患者

原料介绍

　　虾蛄为软甲纲掠虾亚纲动物的通称。虾蛄体长而侧扁，体长约8～20厘米，全身甲壳坚硬宽大，多生活在泥沙底的浅海。每年的春季是虾蛄产卵的季节，此时虾蛄最肥，也是食用的最佳季节。

营养分析

　　虾蛄头富含蛋白质、脑磷脂、胡萝卜素，以及多种人体所需的微量元素，其所含的某些脂肪酸有降血压、抗血小板聚集、防止动脉硬化、改善大脑功能、防止老年痴呆的作用。

选购与储存

　　鲜活的虾蛄壳色碧绿且有光泽，手按之则坚实有弹性；将死或已死的虾蛄色泽灰黄，无光泽。虾蛄尤其是深水虾蛄，离水后不久即死亡，极难养活且肉质多水分而较易退鲜。因此，虾蛄一般以鲜活的为上品，而死的则以身挺结实、无异味的为好。虽然死的虾蛄仍可食用，但是已经发软、变红的虾蛄都是不新鲜的，最好不要购买。

　　虾蛄如果需要长期保存，需将虾蛄用盐水逐个清洗干净，再放入淡盐水内浸泡，最后放入保鲜盒内存放即可。

烹饪提示

　　虾蛄剥取虾肉有生剥和熟剥两种方法，其中生剥是将虾蛄的头和两侧的边，就是背壳和腹皮的连接处剪掉，使上下两张皮完全脱离，将背壳轻轻揭掉，一条整虾蛄肉即剥脱出来。

　　家庭在煮制或蒸虾蛄时，可以在锅内撒上少量的花椒和桂皮，可以使蒸煮好的虾蛄味道更加鲜香适口。

鱼肚鲜虾苦瓜汤

原料

发好的鱼肚300克

鲜虾4只

瘦肉150克

淮山块30克

苦瓜100克

调料

精盐适量

做法

1. 鲜虾去除虾须，剔除虾线，洗净；苦瓜剖开，去瓤，洗净，切成段。

2. 瘦肉洗净，切成块，入沸水中焯透，捞出沥水；鱼肚用碱水洗净，切成段。

3. 锅中加入清水煮沸，放入鱼肚、瘦肉、淮山块，先用大火煮20分钟。

4. 再转小火，放入苦瓜煲40分钟，然后放入鲜虾煮5分钟至变色，加入精盐调味即可。

水煮 ⏱50分钟

鲜虾氽冬瓜

原料
冬瓜200克
猪瘦肉150克
鲜虾100克
豌豆粒50克
调料
精盐适量
白胡椒粉适量

做法

1. 将冬瓜去皮、去瓤，洗净，切成三角块；鲜虾去虾头、虾壳，洗净；豌豆粒洗净。
2. 将猪瘦肉洗净，切成小块，放入沸水锅中焯烫一下，捞出沥水。
3. 锅中加入适量清水烧沸，放入冬瓜块、猪肉块稍煮。
4. 再放入豌豆粒、鲜虾氽烫至熟，然后加入精盐、白胡椒粉调匀，出锅装碗即可。

TIPS

此汤强精补肾、和中益气、利水消肿之功效。

汤煮 ⏱30分钟

鲜虾土豆汤

原料

土豆200克

冬瓜100克

鲜虾75克

鲜蚕豆30克

菜叶少许

调料

精盐2小匙

黑胡椒1/2小匙

椰奶1000克

高汤适量

白葡萄酒1大匙

做法

1. 把鲜虾洗净，去头、去壳，留虾尾肉，用牙签挑去沙线；土豆、冬瓜去皮，切成小块。

2. 净锅置火上，放入椰奶、高汤煮沸，加入土豆、蚕豆、冬瓜、精盐煮至熟软。

3. 下入鲜虾、菜叶续煮10分钟，撒上黑胡椒，出锅装碗即可。

TIPS

此汤含有丰富的钙质，味道鲜美，适合各类人群食用，是很好的补钙佳品。

紫菜虾干汤

原料

紫菜25克
虾干50克
鸡蛋1个
白菜叶50克

调料

葱末少许
精盐少许
味精少许
香油少许
植物油少许

做法

1. 将虾干用温水泡软，洗净，沥干；鸡蛋磕入碗中搅匀；紫菜洗净，撕碎，放入汤碗中备用。

2. 坐锅点火，加少许底油，先下入葱末炒香，再加入适量清水，放入虾干小火煮透。

3. 然后加入精盐、味精、白菜叶，淋入鸡蛋液，待鸡蛋花浮上汤面时，出锅倒入装有紫菜的汤碗中，淋上香油，上桌食用即可。

河蟹

别名 | 梭子蟹、青蟹、毛蟹　　中医食性 | 性寒、味咸

不适用者：脾胃虚弱者、胆结石患者

原料介绍

淡水蟹可分为河蟹、江蟹、湖蟹。河蟹以河北、天津产的最著名，江蟹以南京产的最好，湖蟹以江苏阳澄湖品质较好。

营养分析

河蟹营养丰富，蟹肉中维生素A的含量较高，还含有蛋白质、脂肪、糖类以及钙、磷、铁等矿物质，能补骨髓、滋肝阴、充胃液，舒经活血，治疽愈核，可散诸热、治胃气、理经脉，消食，对黄疸、腰腿酸痛和风湿性关节炎等有一定的食疗效果。

选购与储存

选购河蟹要"五看"：一看蟹壳，凡壳背呈黑绿色，带有亮光的，都为肉厚壮实的。二看肚脐，肚脐凸出来的，一般都膏肥脂满。三看螯足，凡螯足上绒毛丛生，都螯足老健。四看活力，将海蟹翻转身来，腹部朝天，能迅速用螯足弹转翻回的，活力强，可保存。五看雄雌，雌蟹团脐，蟹黄多而美；雄蟹尖脐，黄少，但肉质鲜香，各有所长。

保存河蟹要求能做到低温、静止、黑暗，以降低其代谢功能，减少体内消耗。一般方法是将活河蟹用线绑紧，用浸透凉水的毛巾包好，装进开口塑料袋或盆里，再放入冰箱冷藏室即可。

烹饪提示

在蒸制河蟹时，要先将河蟹洗干净。可把河蟹放在洗碗槽或大盆内，先用淡盐水浸泡一会儿，再用刷子或旧牙刷把河蟹身上的泥沙刷掉。

滋养勿羹

海蟹

别名 | 膏蟹、花蟹、梭子蟹　　中医食性 | 性寒、味咸

不适用者：痛经、怀孕妇女

原料介绍

螃蟹为甲壳动物十足目爬行亚目短尾派的统称，螃蟹中有90%为海产，其余为淡水蟹。海蟹中，如绵蟹、关公蟹、蛙蟹等生活在不同深度的潮下带。我国沿海均出产海蟹，其中以渤海湾产的最为著名。

营养分析

海蟹中含有丰富的蛋白质、糖类和钙、磷等矿物质以及维生素A、B族维生素等营养素，有散结化瘀、通经脉、解漆毒、退诸热和抗结核等功效，对腰腿酸痛和风湿性关节炎等有一定疗效。

选购与储存

新鲜的海蟹外壳硬度较高、无外伤、蟹壳青灰色，蟹腿完整无损缺，用手指按压脐尖处的壳，感觉饱满、有弹性。

买回的海蟹不用水冲洗，放入干净的缸、坛里，用糙米加入两个打碎壳的鸡蛋，再撒上两把黑芝麻将蟹盖淹没，然后用棉布蒙住缸口，使空气能流通，但不能见阳光，这样不仅可延长蟹的保鲜时间，而且由于蟹吸收了米、蛋中的营养，蟹肚壮实丰满，吃起来肥鲜香美。

烹饪提示

清洗海蟹时，可在存放海蟹的容器内倒入少量的白酒去腥，等海蟹略有昏迷的时候用锅铲的背面将海蟹拍晕，用手迅速抓住海蟹的背部，拿刷子朝着已经成平面状的海蟹腹部猛刷，再用清水冲净即可。

煮食海蟹时，可适当加入一些紫苏叶、鲜生姜等，以解蟹毒，减其寒性。

蟹黄三丝羹

原料
螃蟹2只
鸡肉丝100克
笋丝100克
豆腐丝100克
香菜末20克

调料
姜末10克
精盐1小匙
淀粉1小匙
料酒1小匙
高汤750克
熟猪油1大匙

做法

1. 将螃蟹刷洗干净，蒸熟，取出蟹黄、蟹肉；鸡肉丝加入淀粉、精盐拌匀，焯水，捞出，沥水。

2. 锅中放入熟猪油烧热，下入姜末煸香，再放入蟹肉、蟹黄、精盐、料酒炒匀，出锅。

3. 锅中倒入高汤，放入鸡肉丝、笋丝、豆腐丝、蟹肉、蟹黄煮匀，撒上香菜末，出锅装碗即成。

TIPS

蟹黄中含有丰富的蛋白质、磷脂和其他营养物质，营养丰富。

滋养汤羹

上汤飞蟹

原料

飞蟹 1 只
蘑菇50克

调料

葱丝适量
精盐适量
鸡精1/2小匙
胡椒粉少许
上汤1500克

做法

1. 将飞蟹洗净，揭去背壳，再纵向切开，放入沸水锅中焯烫，捞出备用。

2. 将蘑菇去蒂，洗净，捞出沥干待用。

3. 锅中加入上汤烧沸，下入飞蟹，加入精盐、鸡精煮至入味，出锅时撒上胡椒粉、葱丝即可。

TIPS

此汤清热解毒、舒筋活络、益气养血。

汤煮 ⊙30分钟

海 参

別名│刺参、海鼠、海瓜　中医食性│性温、味甘咸

不适用者：急性肠炎者

原料介绍

海参为棘皮动物门、海参纲动物的总称，我国食用海参有20种，常见的食用海参品种有刺参、梅花参、黄玉参、乌虫参等。海参体壁柔韧，富含结缔组织，在我国不仅作为佳肴，而且是滋补品。

营养分析

海参富含蛋白质、矿物质、维生素等天然活性物质，其中酸性黏多糖和软骨素可明显降低心脏组织中脂褐素和皮肤脯氨酸的数量，起到延缓衰老的作用。

海参体内所含的18种氨基酸能够增强组织的代谢功能和机体细胞活力，能消除疲劳，提高人体免疫力，非常适合经常处于疲劳状态的中年人食用。

海参特有的活性物质海参素，对多种真菌有显著的抑制作用，刺参素A和刺参素B可用于治疗真菌和白癣菌感染，尤其对肝炎、结核病、糖尿病、心血管病有显著的治疗作用。

选购与储存

海参多为干制品，质量要求以体形饱满、质重皮薄、肉壁肥厚，水发后涨性大、糯而爽滑，并有弹性、无砂粒为上品；如肉壁薄瘦、水发涨性不大、砂粒未尽者，质量较差。

水分海参选购时要求水发海参色泽鲜亮，呈半透明状，参体内外膨胀均匀呈圆形状，肌肉薄厚均匀，内部无硬心，手持海参的一头颤动有弹性，肉刺完整。劣质海参参体发红，体软且发黏，参体枯瘦、肉薄、坑陷大，肉刺倒伏，尖而不直。

将干海参置于干燥通风处，或者放入冰箱冷藏室内。发好的海参需要先收拾干净，再用保鲜膜裹好，放在冰箱冷冻室中冷冻起来，吃的时候在前一天晚上取出，放在冰箱保鲜层自然解冻，烹调前用热水汆一下即可。

烹饪提示

在食用海参时，一般先用水焯一下，以去掉海参中的异味。需要注意的是，在焯海参时要用温水缓慢加热，切忌用沸水。如果直接用沸水，海参表面骤然受热，海参表面形成一层保护层，使内外相互隔绝，这样无论如何加热，海参中的异味也跑不出来。因此在焯海参时要温水入锅，慢慢加热，切忌用沸水。

烹调应用

海参肉质细嫩、富有弹性、爽利润滑而且营养丰富，在饮食中可用多种烹调方法入馔，其中以扒、烧、焖、煮等方法为多，适宜多种口味，如鲜咸、酸辣、蚝油、怪味、鱼香等。

实用偏方

将加工好的海参，与木耳、熟肥肠一起烧制成菜肴食用，可用于治疗虚火燥结症。

将海参、木耳及清水，上火炖烂，加入调味品调味，每日服1次，对贫血有很好的治疗功效。

将海参收拾干净，与羊肉(狗肉)一起烧制成汤菜，调味后食用，对阳痿有很好的疗效。

友情提示

涨发海参时要先将海参放入温水中浸泡，待水凉至室温后放入0～4℃冰箱冷藏24小时左右。待变软后，将海参捞出，沿海参腹部，从口器向尾部剪开，再将海参口器去除干净，洗净。然后在干净无油的锅中加入纯净水烧开，放入海参煮沸后，保持微沸状态一小时。捞出放入纯净水中过凉，并置冰箱冷藏24小时左右（放水多，发制快）。如果稍硬，可继续重复上一步骤，时间减半。

第四章 水产篇

187

海参排骨煲

原料

鲜猪肋骨400克

水发海参3个

枸杞子5克

调料

葱段适量

姜片适量

八角适量

精盐适量

味精适量

料酒适量

胡椒粉适量

香油适量

鸡汤适量

做法

1. 将猪肋骨剁成小段，洗净，用沸水略焯，捞出沥水；水发海参洗净，切成4厘米长的条。

2. 锅中加入鸡汤、料酒，放入海参氽透，捞出。

3. 排骨、海参放入汤盆中，加入葱段、姜片、八角、枸杞子、精盐、味精、胡椒粉、料酒及适量清水。

4. 然后用双层牛皮纸封口，上笼蒸约2小时至排骨软烂，取出，揭盖儿后淋上香油，上桌食用即可。

TIPS

猪肋骨也可以换成鸡，同样鲜美营养。

清蒸 ⏱2小时

鹌蛋海参煲

原料

水发海参200克
熟鹌鹑蛋15个
猪五花肉片50克
青蒜段15克

调料

姜末5克
蒜末5克
精盐1大匙
味精1大匙
香油少许
酱油3大匙
植物油3大匙
鲜汤1000克

做法

1. 海参去泥肠，洗净，切成长条，用沸水焯透，捞出。

2. 鹌鹑蛋去壳，用热油炸成金黄色，捞出沥油。

3. 锅中加植物油烧热，先下入姜末、蒜末炒香，再放入五花肉片、海参略炒，添入鲜汤。

4. 然后加入精盐、味精、酱油，放入鹌鹑蛋炖至入味，倒入砂锅中，淋上香油，撒入青蒜段，即可出锅。

汤煮 25分钟

滋养汤羹

酸辣海参汤

原料

水发海参200克
西红柿100克
鲜金针菇50克
粉丝少许
香菜段少许

调料

葱丝少许
姜丝少许
精盐2小匙
白糖1小匙
味精1小匙
辣椒油1小匙
香油1小匙
胡椒粉5小匙
陈醋5小匙
水淀粉1大匙
清汤750克

做法

1. 鲜金针菇去根，洗净，入沸水中焯烫一下，捞出沥干。

2. 西红柿去蒂，洗净，切成小条；香菜择洗干净，切成段。

3. 粉丝放入容器中，加入温水泡软，取出沥水，切成两段。

4. 海参去内脏，洗涤整理干净，切成丝。

5. 净锅置火上，加入清水烧沸，放入海参丝焯烫一下。

6. 捞出海参丝，放入冷水盆内迅速过凉，取出沥干水分。

7. 坐锅点火，添入清汤，放入海参丝、金针菇、西红柿烧沸。

8. 再加入胡椒粉、陈醋、白糖、精盐、味精调好口味。

9. 撇去浮沫，放入粉丝，用水淀粉勾薄芡，撒上葱丝、姜丝。

10. 淋上辣椒油、香油，出锅盛入碗中，撒上香菜段即可。

第五章

豆菌篇

豆腐

别名|福黎、小宰羊　中医食性|性凉、味甘

不适用者：痛风病人、血尿酸浓度增高者

原料介绍

豆腐是以大豆(黄豆、黑豆等)为原料，经过多道工序加工而成，为常见的豆制品烹调原料。豆腐是中国人发明的，其最早的记载见于五代陶谷所撰《清异录》。在明代李时珍所著《本草纲目》中记载，豆腐为公元前2世纪，由西汉时期的淮南王刘安发明的。此外关于豆腐产生的年代还有周代说、汉代说等许多不同的说法。

营养分析

豆腐含有相当丰富的蛋白质和钙、磷、铁等矿物质以及B族维生素等，为一种高蛋白、低脂肪的食物。有益中气、和脾胃、健脾利湿、清肺健肤、清热解毒、下气消痰的功效，可用于脾胃虚弱之腹胀、吐血，水土不服所引起的呕吐，消渴、乳汁不足等症。

食疗功效

豆腐中只含有豆固醇，而不含胆固醇，豆固醇具有抑制人体吸收动物性食品所含胆固醇的作用，因此有助于预防心血管系统疾病。

豆腐中的蛋白质含量丰富，而且豆腐蛋白属完全蛋白，不仅含有人体必需的8种氨基酸，而且比例也接近人体需要，营养价值较高，为高血压、高脂血症、高胆固醇症及动脉硬化、冠心病患者的保健食品。

豆腐含有丰富的植物雌激素，对防治骨质疏松症有良好的作用，还有抑制乳腺癌、前列腺癌和白血病的功能，豆腐中的甾固醇、豆甾醇，均是抑癌的有效成分，也是更年期妇女的保护神。

豆腐中含有的大豆卵磷脂有益于神经、血管、大脑的发育和生长，是儿童、病弱者及老年人补充营养的佳品。此外，豆腐对病后调养、减肥、细腻肌肤亦很有好处。

烹饪提示

豆腐,尤其是卤水豆腐往往有一股泔水味。在烹制前如果将豆腐浸泡在淡盐水内(一般500克豆腐用5克盐),不仅能除异味,而且可保存数日不坏,而且在制作豆腐菜时也不易碎。

家庭在制作汤羹或其他菜肴时如果口味太咸,可放几块豆腐同煮,其减咸功效非常显著。

黄金搭档

豆腐+鲤鱼=促进钙质的吸收 ✓

豆腐中含有丰富的钙,但不易被人体所吸收,鲤鱼含有丰富的维生素D,可以提高人体对钙质的吸收能力,并且可以提高人体对豆腐中蛋白质的利用率。

豆腐+海带=防止人体碘缺乏 ✓

豆腐中含有一种皂角苷,会引起体内碘的排出,而海带含有丰富的碘,与豆腐同煮成菜,可防止人体碘缺乏。

豆腐+排骨=营养均衡,蛋白质利用率高 ✓

排骨含有丰富的蛋白质和蛋氨酸,与豆腐搭配制作成菜,不仅可以提高人体对豆腐中蛋白质的利用率,而且味道更加鲜美。

放心储存

豆腐买回来后为了保鲜,应放在大碗里,加上清水或淡盐水浸泡,放入冰箱内冷藏保存,而不要直接带塑料袋保存。盒装豆腐较易保存,但仍须放入冰箱冷藏。

饮食误区

豆腐+葱=形成草酸钙,不易于人体吸收 ⓘ

豆腐里含有钙质,而葱中含有草酸,草酸易和钙结合生成草酸钙,不易为人体所吸收,从而降低了豆腐的营养价值。

豆腐+猪血=使豆腐的营养物受到破坏 ⓘ

猪血是一种集脂肪、维生素、铁元素等物质于一体的原料,而豆腐中的营养成分一旦与猪血中的铁元素成分结合,不仅达不到营养应有的效果,反而会使豆腐中的营养物质受到破坏。

安全选购

豆腐的品质以表面光润,颜色白中略带微黄,细嫩不碎,气味清香,无苦涩味或酸味者为佳,如果豆腐的色泽过白,则有可能添加了漂白剂,不宜选购。

> ### 友情提示
>
> 一般豆腐的制作方法为选豆、浸泡、磨碎、加水、过滤、加热煮沸成豆浆,待豆浆温度下降到8℃时,再加上适量的凝固剂(盐卤或石膏等),使豆浆中的蛋白质凝结,再压去部分水分即可。

虾腰紫菜豆腐煲

原料

草虾300克
紫菜30克
内酯豆腐1盒
香菜段适量

调料

葱结5克
姜片5克
精盐1大匙
味精1大匙
鸡精5小匙
胡椒粉1大匙
淀粉50克
鲜汤1250克
植物油2大匙
香油1小匙

做法

1. 草虾去头，剥壳，留尾，用刀顺脊背片开，挑去泥肠，用精盐、料酒、葱姜汁腌约5分钟，蘸上干淀粉，用木槌逐一敲打使之成片状。

2. 内酯豆腐切成小块，用沸水焯一下，沥水。

3. 砂锅置火上，放入植物油烧热，下葱结、姜片炸香，掺入鲜汤。

4. 再放入豆腐、精盐、胡椒粉，沸后炖约5分钟，下入捶好的虾片，续炖约3分钟。

5. 下入紫菜，调入味精、鸡精，淋入香油，撒香菜段，将砂锅端于盘子上，上桌即可。

炖煮 ⏱15分钟

珍珠豆腐汤

原料

嫩豆腐1块

熟鸡胸肉粒100克

熟火腿粒25克

鲜蘑菇粒25克

青豆25克

调料

精盐1/2大匙

味精1小匙

胡椒粉少许

水淀粉1大匙

料酒2小匙

熟鸡油2小匙

清汤适量

做法

1. 将豆腐洗净,切成小粒状,再放入沸水锅中焯烫一下,捞出沥水。

2. 净锅置火上,加入适量清汤,放入火腿粒、蘑菇粒、青豆、熟鸡胸肉粒烧开,再放入豆腐粒。

3. 加入精盐、味精、料酒烧沸,用水淀粉勾芡,搅匀起锅,盛入汤盆中,然后淋上熟鸡油,撒上胡椒粉即可。

第五章 豆菌篇

197

清烩 ⏱10分钟

玉米豆腐汤

原料

豆腐1块

玉米罐头1罐

鸡蛋3个

调料

大葱1棵

精盐1/2小匙

水淀粉2小匙

做法

1. 将豆腐洗净，切成小块；大葱择洗干净，切成末；鸡蛋打入碗中，加入部分葱末调拌均匀；玉米罐头打开，取出玉米粒。

2. 锅置火上，加入适量清水烧沸，再放入玉米粒煮匀，然后放入豆腐块，加入精盐煮沸。

3. 用水淀粉勾芡，淋上鸡蛋液煮匀，撒上剩余葱末，出锅装碗即可。

TIPS

玉米中的纤维素含量很高，具有刺激胃肠蠕动、加速粪便排泄的特性，可防治便秘、肠炎、肠癌等。

白菜豆腐汤

原料

白菜200克
豆腐150克

调料

葱花3克
姜片3克
精盐1小匙
味精少许
胡椒粉少许
香油少许
鲜汤500克
熟猪油5小匙

做法

1. 将白菜择洗干净，切成条；豆腐洗净，沥去水分，切成小方块。

2. 坐锅点火，加入熟猪油烧热，先下入葱花、姜片炒香。

3. 再放入白菜条炒软，滗出锅中的水分，然后添入鲜汤烧沸。

4. 放入豆腐块，用大火炖约8分钟，最后加入精盐续炖两分钟。

5. 调入味精、胡椒粉、香油煮至入味，出锅装碗即可。

炖煮 ⏱20分钟

第五章 豆菌篇

滋养汤羹

虾仁豆腐汤

原料

虾仁200克

芹菜100克

金针菇80克

香菇3朵

豆腐1块

调料

精盐1小匙

米酒4小匙

水生粉2大匙

香油1小匙

做法

1. 虾仁去肠泥，洗净，沥干；金针菇洗净，去根部；豆腐洗净，香菇洗净，去蒂，分别切丁；芹菜择去叶片，洗净，切段备用。

2. 锅中倒入4杯水烧开，放入虾仁、香菇、金针菇及豆腐煮10分钟，放入芹菜段煮熟，最后加调料调匀，盛起时淋入香油即可。

西施豆腐羹

原料

豆腐500克

火腿末20克

肉末10克

青豆5克

枸杞子5克

鸡蛋1个

调料

姜末少许

葱花少许

精盐适量

鸡精适量

高汤500克

胡椒粉少许

植物油1大匙

水淀粉5小匙

做法

1. 将豆腐切成小方丁备用；火腿末加精盐、料酒、鸡蛋上浆。

2. 坐锅点火倒少许油，油热后倒入姜末略炒一下，再放入肉末炒熟。

3. 添入适量高汤烧开，放入豆腐丁、火腿末，加精盐、鸡精、胡椒粉调味。

4. 用水淀粉勾芡后放入青豆、枸杞子煮熟，撒上葱花，出锅即可。

水煮 20分钟

什锦豆腐汤

原料

豆腐1块
白菜叶100克
水发黑木耳25克
水发黄花菜25克
水发香菇25克

调料

葱花15克
精盐2小匙
味精1小匙
胡椒粉少许
水淀粉1大匙
面粉3大匙
清汤1000克
香油适量
植物油适量

做法

1. 豆腐洗净，碾成泥状，再加入水淀粉、面粉、胡椒粉、葱花、精盐、味精搅匀，团成丸子。

2. 锅中加油烧至七成热，下入丸子炸成金黄色，捞出沥油。

3. 锅中加入清汤，先放入白菜、黑木耳、黄花菜、香菇烧沸。

4. 再下入豆腐丸子略煮，然后加入精盐、味精、胡椒粉煮至入味，再淋入香油，出锅即可。

汤煮 ⏱20分钟

山药豆腐汤

原料

豆腐400克

山药200克

调料

葱花10克

蒜蓉5克

精盐1/2小匙

味精1/2小匙

香油1/2小匙

酱油4小匙

植物油5小匙

做法

1. 将山药去皮，洗净，切成小片；豆腐洗净，切成片，放入沸水锅中焯烫一下，捞出沥水。

2. 锅置火上，加入植物油烧至五成热，先下入蒜蓉爆香，再放入山药片翻炒均匀。

3. 然后加入适量清水烧沸，放入豆腐片，加入精盐、酱油、味精煮至入味，撒入葱花，淋入香油，出锅装碗即可。

TIPS

经常食用此汤可以有效预防心血管疾病。

◎水煮 ⓢ10分钟

豆腐蛋黄汤

原料

卤水豆腐1块

蛋黄80克

香菇2朵

调料

姜丝少许

香葱花少许

精盐适量

胡椒粉1/3小匙

高汤1200克

植物油2大匙

做法

1. 将卤水豆腐切成小块；香菇去蒂，洗净，切成丁；蛋黄切成小粒。

2. 锅中加油烧至七成热，下入姜丝、蛋黄炒散，再加入高汤，放入豆腐、香菇煮沸。

3. 然后放入葱花，加入精盐、胡椒粉调好口味，出锅装碗即可。

TIPS

豆腐不宜天天食用，每餐也不可多吃。老人、缺铁性贫血者更应少吃。

汤煮 ⏱40分钟

豆腐鲜汤

原料

内酯豆腐1盒
毛豆仁150克
花芸豆50克

调料

葱花适量
精盐1小匙
鸡精1/2小匙
蚝油1/2小匙
高汤1600克
植物油2大匙

做法

1. 将花芸豆洗净，放入清水中浸透，再放入锅中煮熟，取出备用。

2. 将豆腐切成大块；毛豆仁洗净。

3. 锅中加植物油烧热，下入葱花炒香，再加入蚝油、毛豆略炒，然后倒入高汤煮沸。

4. 再放入花芸豆、豆腐煮沸，加入精盐、鸡精煮至入味即可。

TIPS

此汤益气补虚、养血调中、利肠胃。

干豆腐

别名 | 豆干、香干　中医食性 | 性平、味甘

不适用者：平素脾胃虚寒者

原料介绍

　　干豆腐为粮食类加工性烹调原料，为常用豆制品的一种。干豆腐的制作方法是以大豆为原料，经浸泡、研磨、出浆、凝固、压榨等多道工序生产加工而成的半干性制品。干豆腐营养丰富，既香又鲜，久吃不厌，又被誉为"素火腿"。

营养分析　　干豆腐的营养成分与豆腐皮近似，也含有比较丰富的蛋白质、糖类等，还含有钙、磷、铁等多种人体所需的矿物质。中医认为，干豆腐有补虚润燥、清肺化痰的作用，对心血管疾病、骨质疏松症等有比较好的食疗效果。

食疗功效

　　干豆腐中的不饱和脂肪酸含量高，一般不含有胆固醇，是高血压、冠心病、动脉硬化等症的理想保健食品，也是避免肥胖的健美食品。

　　干豆腐中含有丰富的蛋白质，而且豆腐蛋白属完全蛋白，不仅含有人体必需的8种氨基酸，而且其比例也接近人体需要，营养价值较高。

　　干豆腐含有的卵磷脂可除掉附在血管壁上的胆固醇，可以防止血管硬化，预防心血管疾病，保护心脏。

　　干豆腐还可以为人体提供多种矿物质，防止因缺钙引起的骨质疏松，促进骨骼发育，对处于成长期的青少年非常有好处。

烹饪提示

　　制作干豆腐菜肴时，先将切成丝、条的干豆腐放入烧热油锅内煸炒一下，再放入配料及调味料制作成菜。经过煸炒后的干豆腐没有了豆制品中常见的豆腥味，而且干豆腐更加鲜香可口。

黄金搭档

豆腐干＋鱼肉＝促进人体对钙的吸收 ✔

豆腐干虽含有丰富的钙，但如果单独食用，钙的吸收利用率很低，而鱼肉普遍含有丰富的维生素D，借助维生素D的作用可以大幅度提高人体对钙的吸收和利用，提升两者的营养价值。

豆腐干＋白萝卜＝健脾养胃，帮助消化 ✔

白萝卜有非常好的助消化功效，用豆腐干配以白萝卜制作成菜，可以健脾养胃、止渴除烦，并且可以促进豆腐干中的营养被人体吸收和利用。

豆腐干＋牛肉＋番茄＝营养均衡，增强抵抗力 ✔

豆腐干和牛肉均是营养丰富的烹调原料，有比较好的滋补效果，番茄可以增强人体抵抗力，健肤美容，三者搭配制作成菜，不仅可以使营养更加均衡，而且有利于营养的吸收和利用。

放心储存

可将豆腐干浸泡在淡盐水中，冬季两三天换1次水，夏季每天换1次水，食用时捞出豆腐干，再用清水冲洗一下。用此方法保存豆腐干，可保存比较长的时间。

饮食误区

豆腐干＋菠菜=易形成结石 ❗

豆腐干含有丰富的钙，而菠菜中的草酸会与豆腐干内的钙相结合，形成不溶性物质草酸钙，这样豆腐干内的钙就不能被人体利用。

豆腐干＋蜂蜜=不利于消化，影响健康 ❗

蜂蜜性凉，还含有多种酶类物质，易与豆腐干中的植物蛋白、矿物质等产生作用，形成不易消化的物质，不利于人体健康。

安全选购

质量好的豆腐干呈乳白色或浅黄色，富有光泽，薄厚均匀，四角整齐，柔软有韧劲；用手按压感觉质地细腻，有一定弹性；用小刀切开豆腐干，切开处挤压不出水，无杂质，具有豆腐干特有的清香气味。

> ### 友情提示
>
> 豆腐干在制作过程中会添加精盐、八角、茴香、花椒、干姜、辣椒等辛香调味料，口味既香又鲜，久吃不厌，因此又被誉为"素火腿"。豆腐干的种类较多，其中加有酱油、五香粉、辣椒等调味料卤煮而成的豆腐干，根据口味被称为茶干、卤干、五香豆腐干、辣豆腐干等；用臭卤泡制而成的豆腐干则被称为臭豆腐干。

丝豆腐菠菜汤

原料

菠菜100克

干豆腐丝80克

胡萝卜1根

鲜香菇3朵

调料

葱花少许

精盐1小匙

酱油1小匙

鸡精1/2小匙

料酒1大匙

鸡汤1200克

做法

1. 干豆腐丝洗净，沥干；香菇去蒂，洗净，剞上十字花刀；胡萝卜去皮，洗净，切成滚刀块。

2. 菠菜去根，洗净，用沸水略焯，捞出挤干，切成小段。

3. 锅中加入鸡汤烧沸，先下入香菇、胡萝卜块、菠菜略煮。

4. 再加入精盐、酱油、鸡精、料酒煮至入味，然后放入干豆腐丝续煮5分钟，出锅即可。

TIPS

此汤补气血，还可降低胆固醇、血压。

◀ ⊙汤煮 ⏲20分钟

干豆腐三鲜汤

原料

干豆腐200克
火腿150克
鸡腿1只
竹笋100克
小苏打粉少许

调料

精盐1/2小匙
料酒1大匙

做法

1. 将干豆腐切成小块，以手打结，再放入碗中，用温水及小苏打粉泡软，捞出洗净。

2. 鸡腿洗净，剁成小块，放入沸水中焯去血水，捞出冲净。

3. 竹笋去壳，洗净，切成滚刀块；火腿洗净，切块，放入沸水中焯透，捞出沥干备用。

4. 将干豆腐结、鸡块、竹笋、火腿放入大碗中，加入适量清水及精盐、料酒，送入蒸笼中蒸约40分钟，取出食用即可。

清蒸　45分钟

金针菇

别名 | 金菇、冻菌、金钱菇　中医食性 | 性凉、味甘

不适用者：脾胃虚寒者

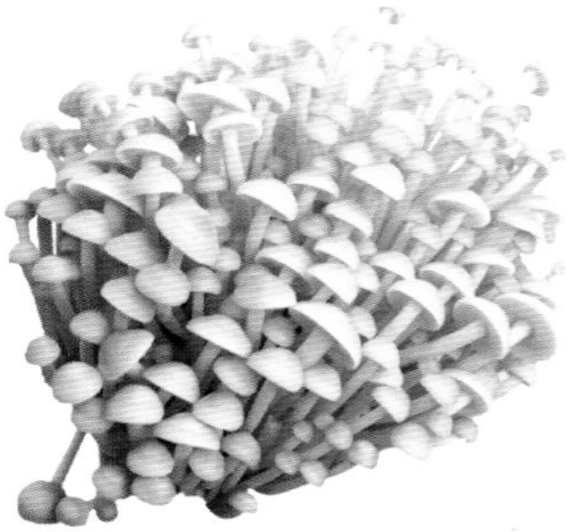

原料介绍

金针菇为担子菌纲伞菌目白菇科中的一种伞菌，主要分布于亚洲、欧洲和北美各国，世界上金针菇产量占菌菇产量的第三位。我国在唐代时就栽培金针菇，现主要产地为河北、山西、内蒙古、吉林、黑龙江、青海等省。

营养分析

金针菇营养十分丰富，尤其是蛋白质、碳水化合物含量很高。另外还含有人体所必需的8种氨基酸等。中医认为，金针菇有益气、补虚、抗癌之功效，适合于高血压、动脉硬化、糖尿病、幼儿智力低下者经常食用。

口蘑

别名 | 白蘑　中医食性 | 性平、味甘

不适用者：脾胃虚寒者

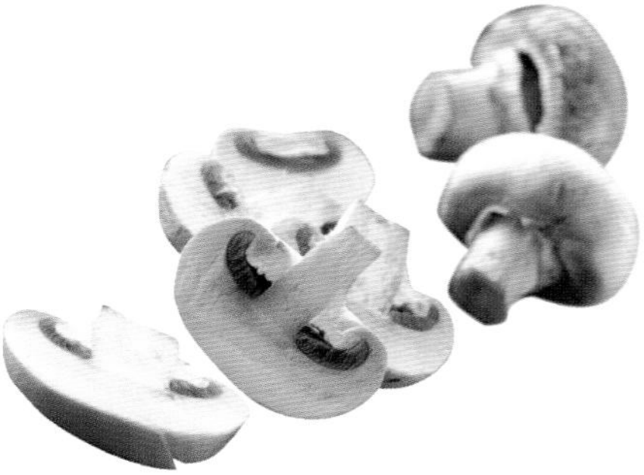

原料介绍

口蘑为担子菌纲伞菌目白蘑科食用菌，在我国主要产于内蒙古、河北、吉林、黑龙江和辽宁等地区。口蘑以前只有野生种，但近年来已人工栽培成功，是一种品质优良的食用菌。因产于河北张家口，故名“口蘑”。

营养分析

干品口蘑中蛋白质含量非常高，还含有人体所需的8种氨基酸及磷等矿物质。中医认为，口蘑有益气、散血热、解表化痰、理气之功效，可用于高血压、肺结核、软骨病、肝炎等病症的治疗。

平菇

别名 | 蚝菌、冻菌、耳菇、 中医食性 | 性平、味甘

不适用者：菌类食品过敏者

原料介绍

平菇为担子菌纲伞菌目侧耳科侧耳属的一种食用菌，主要分布在我国、日本以及欧洲、北美洲的一些国家。平菇的人工栽培始于20世纪初60年代后才进入商业性栽培，是世界上人工栽培的一个重要类群。

营养分析

平菇的营养比较丰富，特别是其含有18种氨基酸，包括8种人体必需的氨基酸，另外还有粗蛋白、纤维素、各种维生素及钙、铁、磷等多种矿物质。平菇有滋补脾肺、散寒祛风、舒筋活络的功效。

香菇

别名 | 冬菇、花菇、北菇 中医食性 | 性平、味甘

不适用者：脾胃寒湿气滞者

原料介绍

香菇为担子菌纲伞菌目侧耳科香菇属中典型木腐性伞菌。香菇的人工栽培技术始于我国，元代书籍中已有关于栽培法的记载并一直沿用至近代，总产量在世界菇类中居第二位，是世界著名的食用菌之一。

营养分析

香菇为一种高蛋白、低脂肪的保健食品，含有30多种酶和18种氨基酸，人体所必需的8种氨基酸，香菇中就含有7种，故有"菌菜之王"的美称。此外香菇还含有蛋白质、维生素等，中医认为香菇有补肝肾、健脾胃、益气血之功效。

平菇煨鸡汤

原料

鲜平菇5朵

母鸡1只(约1250克)

调料

葱段5克

姜片5克

八角3粒

精盐1小匙

白糖1小匙

料酒1小匙

酱油1大匙

植物油1大匙

做法

1. 将鸡宰杀，洗涤整理干净，剁成小块；平菇洗净，切成小块。

2. 锅置旺火上，加入植物油烧热，放入葱段、姜片炸香，再放入鸡块炒透，装入砂锅中。

3. 加入精盐、酱油、白糖、八角、料酒及适量清水，上火烧沸。

4. 盖上盖儿，用小火煨至八分熟时，倒入平菇块，再煨煮15分钟即可。

◎烧煨 ⏱45分钟

明虾白菜蘑菇汤

原料

白菜帮300克

明虾200克

金针菇80克

蟹味菇50克

白玉菇50克

香菜末少许

调料

姜片5克

精盐1小匙

鸡精1/2小匙

酱油1大匙

料酒1大匙

蘑菇高汤1500克

香油少许

植物油2大匙

做法

1. 将白菜帮洗净，切块；明虾去头及壳，挑去虾线，洗净；蟹味菇、白玉菇、金针菇去蒂，洗净。

2. 锅中加油烧热，先下入姜片、白菜略炒，再烹入料酒，添入高汤烧沸。

3. 然后放入明虾、蟹味菇、白玉菇、金针菇，加入精盐、鸡精、酱油，转中火煮5分钟，再撒入香菜末，淋上香油即可。

TIPS

此汤补肾壮阳、通利肠胃、抗癌、增强机体免疫力。

香菇时蔬炖豆腐

原料

豆腐1块

水发香菇50克

胡萝卜少许

调料

葱末5克

姜末5克

精盐1/2小匙

味精1/2小匙

酱油1大匙

花椒粉适量

香油适量

植物油适量

做法

1. 将香菇去蒂，洗净，切成小块；豆腐洗净，切成小块；胡萝卜去皮，洗净，切成菱形片。

2. 锅置火上，加入清水烧沸，分别放入胡萝卜片、豆腐块、香菇块焯透，捞出沥干。

3. 锅中加入植物油烧热，先下入葱末、姜末、花椒粉炝锅，再添入清汤，放入豆腐块、香菇块、胡萝卜片。

4. 然后加入酱油、精盐烧沸，转小火炖至豆腐入味，调入味精，淋上香油，出锅装碗即可。

TIPS

此汤香菇味鲜，豆腐嫩软，汤汁适口，营养丰富，特别适合孕妇、老人、更年期妇女、高血脂、高血压患者食用。

丝瓜蘑菇汤

原料

丝瓜1/2条
香菇4朵

调料

姜1小块
精盐1大匙
胡椒粉1小匙
植物油2大匙

做法

1. 将丝瓜去皮，洗净，切成菱形块；香菇洗净，切成片；姜洗净，切成丝备用。

2. 锅中放入植物油烧热，下入姜丝爆香，再放入香菇片、丝瓜块炒匀。

3. 然后加入3碗清水烧至原料成熟，放入精盐及胡椒粉调味即可。

TIPS

　　丝瓜性味甘平，有清暑凉血、解毒通便、祛风化痰、润肌美容、通经络、行血脉、下乳汁等功效。丝瓜络有清热、化痰、通络之功效。

白蘑田园汤

原料

小白蘑200克
玉米笋50克
胡萝卜50克
土豆50克
西蓝花30克

调料

葱花少许
精盐1小匙
酱油1小匙
鸡精1/2小匙
料酒2小匙
植物油2大匙
鸡汤500克

做法

1. 小白蘑去根，用清水洗净；玉米笋切成小条；土豆、胡萝卜分别去皮，洗净，均切成片。

2. 锅置火上，加入植物油烧热，先下入葱花炒出香味，再加入鸡汤、料酒烧沸。

3. 然后放入小白蘑、玉米笋、土豆片、胡萝卜片、西蓝花烧沸。

4. 转小火煮至熟烂，最后加入精盐、酱油、鸡精调味，出锅装碗即可。

TIPS

　　白蘑肉质肥厚鲜嫩、菇香浓郁、味道鲜美，营养价值很高。此汤具有补气益胃、滋阴润燥、延缓衰老、美丽容颜等功效。

胡萝卜煮蘑菇

原料

胡萝卜150克
蘑菇50克
黄豆30克
西蓝花30克

调料

精盐1/2小匙
味精1/2小匙
白糖适量
高汤适量
植物油适量

做法

1. 将胡萝卜去皮，洗净，切成小块；蘑菇去蒂，洗净，撕成条。

2. 黄豆用清水泡透，入锅蒸熟，取出；西蓝花择洗干净，切成小朵。

3. 锅置火上，加入植物油烧热，先放入胡萝卜块、蘑菇条翻炒片刻，再添入高汤烧沸。

4. 转中火煮至胡萝卜软烂，然后放入黄豆、西蓝花，加入精盐、味精、白糖煮透，装碗上桌即可。

汤煮 ⓘ20分钟

第五章 豆菌篇

西红柿草菇汤

原料

西红柿2个

鲜草菇200克

青椒20克

红椒20克

苏叶少许

调料

精盐1小匙

白糖1/2大匙

鸡精少许

清汤1200克

植物油2大匙

做法

1. 将草菇去蒂、洗净，纵切两半；青椒、红椒去蒂及籽，洗净，切成椒圈。

2. 将西红柿用热水略烫，撕去外皮，切成小丁。

3. 锅中加入植物油烧热，下入西红柿丁炒软，再加入清汤煮沸。

4. 然后放入草菇、青椒圈、红椒圈，加入精盐、鸡精、白糖煮至草菇熟透入味，放上苏叶即可。

TIPS

此汤可益肠胃、凉血平肝、清热生津。

汤煮 ⏱30分钟

草菇海鲜汤

原料

蛤蜊200克
墨鱼150克
草菇罐头1瓶
鲜虾5只
小番茄5个

调料

葱段20克
精盐1/2小匙
鸡精1/2小匙
胡椒粉1/2小匙
鱼露1小匙
料酒1大匙
高汤适量

做法

1. 鲜虾去虾须、虾头、虾壳，挑去虾线，洗净；墨鱼去头，切开后洗净，剞上交叉花刀，再切成小片。

2. 蛤蜊洗净，放入淡盐水中浸泡，使之吐净泥沙，洗净；草菇洗净，切成片；小番茄洗净，切片。

3. 汤锅置火上，加入适量高汤烧沸，放入鲜虾、墨鱼片、草菇、小番茄片、蛤蜊，再加入调料烧沸，煮约5分钟，出锅装碗即可。

TIPS

　　草菇的蛋白质含量比一般蔬菜高好几倍，它具有解毒作用，如铅、砷、苯进入人体时，可与其结合，形成抗坏血素，随小便排出。它能够减慢人体对碳水化合物的吸收，是糖尿病患者的良好食品。

◎汤煮 ◎15分钟

第五章 豆菌篇

219

银耳

别名 | 白木耳、雪耳　中医食性 | 性平、味甘淡

不适用者：外感风寒者

原料介绍

　　银耳为担子菌纲银耳目银耳科银耳属的一种腐生真菌，生长于温带和亚热带地区。早在1894年四川已开始人工栽培，后陆续传到其他各省，现我国四川、福建、贵州、云南、浙江、江苏、陕西、青海、台湾等省均产，以四川的通江银耳、福建的漳州雪耳最为著名。

营养分析

　　银耳含有多种氨基酸及蛋白质、脂肪、碳水化合物、维生素、无机盐等成分，其中氨基酸的种类多达17种。祖国医学认为，银耳有滋阴润肺、养胃、补肾、活血之功效，主治虚劳咳嗽、痰中带血、虚热口渴等病症。

食疗功效

　　银耳富含天然特性胶质，加上它的滋阴作用，长期服用可以润肤，并有祛除脸部黄褐斑、雀斑的功效。

　　银耳是一种含有丰富膳食纤维的食品，可助胃肠蠕动，减少脂肪吸收，起到减肥的功效。

　　银耳富含维生素D，维生素D能防止钙的流失，对生长和发育十分有益；此外银耳富含硒等微量元素，它可以增强机体抗肿瘤的免疫力。

　　银耳中的有效成分酸性多糖类物质，能增强人体的免疫力，调动淋巴细胞，加强白细胞的吞噬能力，兴奋骨髓造血功能，因此具有抗肿瘤功效。

　　银耳能提高肝脏解毒能力，起保肝作用；此外银耳对老年慢性支气管炎、肺源性心脏病有一定疗效。

烹饪提示

银耳制作菜肴前需要泡发，而泡发银耳要看其用途。如果是凉拌吃，可先冲掉银耳表面的灰尘和杂质，然后用沸水煮开片刻，使耳片发软即可；如果是煮银耳羹，可将银耳放入温水中浸泡，或者不浸泡直接煮食也可。

黄金搭档

银耳+木瓜=减肥、美容、丰胸 ✔

银耳是一种含粗纤维的减肥食品，配合丰胸效果显著的木瓜一起炖制成菜，为美容美体佳品，有减肥、美容、丰胸的效果。

银耳+百合+大米=润肺养阴、健脾生津 ✔

百合有养阴润肺、清心安神的功效，银耳有滋阴润肺、养胃生津的功效，大米益气健脾。三者一起煮制成粥食用，有润肺养阴、健脾生津的作用，适合于年老体弱、脾胃虚寒者。

银耳+莲子=提神养胃，消除疲劳 ✔

银耳配以有健脾安神效果的莲子一起煮汤食用，有滋阴润肺、补脾安神的功效，适用于干咳痰少、口干咽干、饮食减少、心烦失眠、手足无力等症。

放心储存

银耳买的时候就是干的，在保存上相对比较容易，但需要注意银耳容易受潮变质，所以在保存时，要把包裹银耳的塑料袋扎紧，最好把打开的银耳放入一个密封罐内，置于干燥通风处保存即可。

饮食误区

银耳+橘子=易造成腹痛、腹泻等症状 ❗

银耳中富含微量元素钙，橘子中含有鞣酸成分，两者一起食用，会使钙和鞣酸结合成不易消化的鞣酸钙，增加人体肠胃负担，造成腹痛、腹泻等症状。

银耳+冰糖=睡前食用会造成血黏度增高 ❗

冰糖银耳有滋阴润肺，养血和营的功效，为食疗菜肴之一，但在食用时需要注意，冰糖银耳含糖量高，睡前不宜食用，以免血黏度增高，增加心肺负担。

安全选购

银耳多以干品应市，选择时以色白微黄、朵大肉厚体轻、气味清香、底板小、水发涨性大、有光泽、胶质厚、无碎渣者为好。质量不佳的银耳色泽不纯或带灰，耳薄质硬，嚼之有声，胀性差。在购买银耳时，可捏少许银耳放在舌尖，有刺辣感的不宜选购。

> **友情提示**
>
> 银耳是一种名贵的补益性食品，在清代以前就是一种天然稀有珍品，价格昂贵，非一般人可以问津。自从20世纪可以人工栽培后，产量逐年增加，现已经成为一种营养丰富的常用滋补原料，受到人们喜爱。

鲜莲银耳汤

原料

银耳50克
鲜莲子10枚

调料

精盐4小匙
味精2小匙
白糖1小匙
料酒适量
鸡汤250克

做法

1. 银耳用温水泡发，去蒂，洗净，撕成小朵，放入碗中，加入鸡汤，放入锅中蒸透，取出。

2. 鲜莲子剥去青皮和一层嫩白皮，切去两头，捅去莲子心，放入沸水锅中焯透，捞出沥干，与银耳一同放入大碗中。

3. 锅中加入鸡汤烧沸，再加入料酒、精盐、白糖、味精调味，出锅倒入银耳碗中，即可上桌食用。

TIPS

此汤补脾益肾、养心润肺，适用脾虚泻痢、妇女有白带、晚上睡觉后梦特别多、虚劳咳嗽等症。

◎汆烫 ⏱20分钟

银耳豆腐汤

原料

豆腐1块

银耳50克

蟹味菇50克

胡萝卜1根

红椒丝少许

莴笋丝少许

调料

葱花少许

姜末少许

精盐适量

胡椒粉适量

味精1/2小匙

香油1小匙

植物油2大匙

做法

1. 将豆腐先用淡盐水浸泡10分钟，再取出切成条状；银耳用冷水泡软，择洗干净，撕成小朵。

2. 将胡萝卜去皮，洗净，切片；蟹味菇去蒂，洗净待用。

3. 锅中加入植物油烧热，下入姜末、葱花炒香，再放入胡萝卜片、蟹味菇、红椒丝、莴笋丝翻炒，倒入高汤。

4. 然后加入银耳、豆腐、精盐、味精滚沸10分钟，再撒上胡椒粉，淋上香油即可。

TIPS

这道汤性平，味甘，能促进胃液正常分泌和红细胞生成，适用于萎缩性胃炎。

银耳汤

原料

银耳2朵

鹿角胶75克

调料

冰糖15克

做法

1. 将银耳用温水泡发，除去杂质，洗净。

2. 将发泡好的银耳放入锅内，加清水适量，用小火煎熬。

3. 待银耳熟透后，加入鹿角胶和冰糖，熔化和匀，熬透即可。

TIPS

此汤滋味鲜美、营养丰富，有调整气血、健脾益气、养心润肺之功效。